河北省创新能力提升计划项目科学普及专项

（项目编号：21557602K）

U0218092

生态文明生活中的
绿色化学

主　编　王志苗
副主编　薛　伟

天津大学出版社
TIANJIN UNIVERSITY PRESS

图书在版编目（CIP）数据

生态文明生活中的绿色化学 / 王志苗主编；薛伟副
主编. -- 天津：天津大学出版社，2023.5
（科普小站）
ISBN 978-7-5618-7474-5

Ⅰ. ①生… Ⅱ. ①王… ②薛… Ⅲ. ①化学工业－无
污染技术－普及读物 Ⅳ. ①X78-49

中国国家版本馆CIP数据核字（2023）第110710号

出版发行	天津大学出版社
地　　址	天津市卫津路92号天津大学内（邮编：300072）
电　　话	发行部：022-27403647
网　　址	www.tjupress.com.cn
印　　刷	廊坊瑞德印刷有限公司
经　　销	全国各地新华书店
开　　本	710mm×1010mm　1/16
印　　张	7
字　　数	153千
版　　次	2023年5月第1版
印　　次	2023年5月第1次
定　　价	39.00元

前言

　　化学伴随着人类的生产与生活而产生，并随着人类社会的进步而发展，对人类的日常生活有重大作用。化学与人类的生活息息相关，人们的衣、食、住、行都离不开化学。色泽鲜艳的衣料需要经过化学处理和印染；加工制造色香味俱佳的食品，离不开各种食品添加剂，如防腐剂、香料、调味剂和色素等等；现代建筑所用的水泥、石灰、油漆、玻璃和塑料等材料都是化工产品；用以代步的各种现代交通工具，不仅需要汽油、柴油作为动力来源，还需要各种汽油添加剂、防冻剂以及润滑剂；人们需要的药品、洗涤剂、护肤品和化妆品等日常生活中必不可少的用品也都是化学制品。可见我们的衣、食、住、行无不与化学有关，人人都需要用化学制品。但是化工行业在给人类生活带来帮助的同时，也给环境带来了十分严重的污染问题，引起了社会各界的关注。

　　生态文明建设是关系中华民族永续发展的根本大计。生态文明建设的主线是绿色发展，绿色发展的重要内容是绿色化学。发展绿色化学已成为推动人类生态文明建设的重要途径。绿色化学是从源头上防止污染的化学，能最大限度地从资源合理利用、环境保护及生态平衡等方面满足人类可持续发展需求。要在全社会大力提倡绿色化学和绿色生产，通过防止污染、治理污染的方法来消除环境污染，使化学成为环境的朋友。

　　本书结合绿色化学的相关标准，对我国绿色化学的形势、污染的来源和治理的办法进行了简单介绍；阐述了绿色化学在大气污染、水污染、固体废弃物污染、食品安全、能源、洗涤和护肤用品等方面的应用，并结合公众日常生活中出现的有关绿色化学的问题进行具体分析。本书内容涉及面广，但因编者知识水平有限，加之时间仓促，体系上难免不够科学全面，内容上可能存在不妥之处，恳请各位专家、读者批评指正。

感谢河北省创新能力提升计划项目科学普及专项（项目编号：21557602K）提供的支持。

编者

2023 年 4 月

目录

第 3 章 绿色化学与能源 / 44

第 6 章　绿色化学与农业 / 93

第 1 章　绪论

　　化学伴随着人类的生产与生活而产生，并随着人类社会的进步而发展，对人类的日常生活有重大作用。但是，21 世纪传统的化学工业正面临着促进人类可持续发展的严峻挑战，化学工业的出路在于大力开发和应用绿色化工技术。绿色化学是从源头上防止污染的化学，能最大限度地从资源合理利用、环境保护及生态平衡等方面满足人类可持续发展需求。

1.1　化学在生态文明生活中的作用

1.1.1　化学研究的内容

　　只要仔细观察一下周围的世界，就会发现万物都在变化之中。变化是世界上无所不在的现象。物质变化大致可以分为两种类型。其中一类变化不产生新物质，只改变物质的状态，这类变化称为物理变化。例如水的结冰，液态的水变成了固态的冰；再如碘的升华，固态的碘变为碘蒸气。另一类变化表现为一些物质转化为性质不同的另一些物质，这类变化称为化学变化。例如煤的燃烧，碳（C）转变为二氧化碳（CO_2）气体；再如金属锈蚀和某些食物腐败等。在化学变化过程中，物质的组成和结合方式都发生了改变，生成了新的物质，而新的物质表现出与原物质完全不同的物理性质和化学性质。化学是一门在原子、分子层次上研究物质的组成、结构、性质及其变化规律的科学。简而言之，化学是以研究物质的化学变化为主的一门科学[1]。

如果以 1803 年英国化学家道尔顿提出原子假说作为近代化学的起点，到现在不过 200 多年的时间，化学已经发展成为一门重要的自然科学，有了自己的科学体系、特有的语言和研究方法。进入 21 世纪，全球已有超过 2 000 万种化合物。目前，化学家们不仅关心在地球的重力场作用下发生的化学反应过程，而且已经开始系统地研究物质在磁场、电场、光能、力能与声能作用下的化学反应过程，甚至尝试研究在太空失重和强辐射、高真空条件下的化学反应过程。

1.1.2　化学对生态文明生活的贡献[2]

化学既是一门传统的基础科学，又是一门实用的、富有创造性的应用科学，已经渗透到社会发展和人类物质生活的每一个角落。只要你留心观察就会发现，生活中处处都有化学产品，处处都有化学知识。

首先从我们的衣、食、住、行来看，色泽鲜艳的衣料需要经过化学处理和印染，丰富多彩的合成纤维更是化学的一大贡献；要装满粮袋子，丰富菜篮子，关键之一是发展化肥和农药生产；加工制造色、香、味俱佳的食品，离不开各种食品添加剂，如防腐剂、香料、调味剂和色素等等，它们大多是用化学方法合成的或用化学分离方法从天然产物中提取出来的；现代建筑所用的水泥、石灰、油漆、玻璃和塑料等材料都是化工产品；用以代步的各种现代交通工具，不仅需要汽油、柴油作为动力来源，还需要各种汽油添加剂、防冻剂以及润滑剂，这些无一不是石油化工产品。此外，药品、洗涤剂、护肤品和化妆品等日常生活中必不可少的用品也都是化学制品。可见人们的衣、食、住、行无不与化学有关（图 1-1），人人都需要用化学制品，可以说我们生活在一个化学世界里。

其次从社会发展来看，化学对于实现农业、工业、国防和科学技术现代化具有重要的作用。农业要大幅度地增产，农、林、牧、副、渔各业要全面发展，在很大程度上依赖于化学科学的成就。化肥、农药、植物生长激素和除草剂等化学产品，不仅可以提高农产品的产量，而且改进了田地的耕作方法。高效、低污染的新农药的研制，长效、复合化肥的生产，农、副业产品的综合利用和合理贮运，也都需要应用化学知识。在工业和国防现代化方面，亟须研制各种性能迥异的金属材料、无机非金属材料和高分子材料。在煤、石油和天然气的开发、炼制和综合利用中包含着极为丰富的化学知识，并已形成煤化学、石油化学等专门领域。导弹的生产、人造卫星的发射，需要很多种具有特殊性能的化学产品，如高能燃料，高能电池，高敏胶片及耐高温、耐辐射的材料等。

图 1-1　人们的衣、食、住、行无不与化学有关

随着科学技术的发展、生产水平的提高、新的实验手段的出现以及电子计算机的广泛应用，不仅化学科学本身有了突飞猛进的发展，而且化学与其他科学的相互渗透、相互交叉大大促进了其他基础科学和应用科学的发展以及交叉学科的形成。目前国际社会最关心的几个重大问题——环境的保护、能源的开发和利用、功能材料的研制、生命过程奥秘的探索——都与化学密切相关。随着工业生产的发展，工业废气、废水和废渣（统称"三废"）越来越多，处理不当就会污染环境。全球气候变暖、臭氧层破坏和酸雨是三大环境问题，正在危及人类的生存和发展，因此，治理和利用"三废"、寻找净化环境的方法和监测污染情况等，都是现今化学工作者的重要任务。在能源开发和利用方面，化学工作者为人类使用煤和石油曾做出重大贡献，现在又在

为开发新能源积极努力。太阳能（图 1-2）和氢能源都是化学科学研究的前沿课题。材料科学是以化学、物理和生物学等为基础的边缘科学，它主要研究和开发具有电、磁、光学特性和催化等性能的新材料，如高温超导体、非线性光学材料和功能高分子合成材料等。生命过程充满各种生物化学反应，当今，化学家和生物学家正在通力合作，探索生命现象的奥秘，从原子、分子水平对生命过程做出化学的说明则是化学家的优势。

图 1-2　新能源——太阳能

　　总之，化学起着推动人类社会进步的决定性作用，没有化学就没有现代人类文明。社会的发展离不开化学，化学的发展同样离不开社会，社会为化学的发展提供了空间、动力和机会。

　　化学与国民经济的各个部门、尖端科学技术的各个领域以及人民生活的各个方面都有着密切联系。它是一门重要的基础科学，它在整个自然科学中的关系和地位，正如美国皮门特尔（G. C. Pimentel）在《化学中的机会——今天和明天》一书中指出的，"化学是一门中心科学，它与社会发展各方面的需要都有密切关系"。它不仅是化学工作者的专业知识，而且是广大人民科学知识的组成部分。化学教育的普及是社会发展的需要，是提高公民文化素质的需要。

1.2　绿色化学在生态文明生活中的兴起和发展

1.2.1　可持续发展的基本概念

目前，人类正面临着有史以来最严重的环境危机。由于人口急剧增加，资源消耗日益增加，人均耕地、淡水和矿产等资源占有量逐渐减少，人口与资源的矛盾越来越突出。此外，在人类的物质生活随着工业化水平不断提高而不断改善的同时，大量排放的生活污染物和工业污染物使人类的生存环境迅速恶化。（图 1-3）世界上无论是发达国家还是发展中国家都不同程度地受到了环境污染的危害，环境污染引起了各国的广泛重视。1987 年，以挪威首相布伦特兰为首的世界环境与发展委员会（WCED）在其发表的一份报告——《我们共同的未来》中将可持续发展正式定义为"既满足当代人的需求，又不对后代人满足其需求的能力构成危害的发展"，得到了国际社会的广泛响应和普遍认同。1992 年，在联合国环境与发展大会上，通过了以可持续发展理念为核心的《关于环境与发展的里约热内卢宣言》《21 世纪议程》等文件。世界各国均把可持续发展作为国家宏观经济发展战略的一种选择，将可持续发展的原则纳入国家政策和具体行动之中。可持续发展作为人类社会发展的新模式已跨越概念和理论探讨的范畴，成为人类采取全球共同行动所努力追求的实际目标[3]。

图 1-3　环境污染

　　可持续发展的基本概念包括经济持续性、生态持续性及社会持续性等三方面的内容。经济持续性是指在保证自然资源的质量和其所提供的服务的前提下，使经济发展的利益增加到最大限度。可持续发展突出强调发展，鼓励经济增长，但实现经济增长必须力求减小经济活动所造成的对环境的压力。改变传统生产方式和消费方式，在生产时尽量少投入、多产出，在消费时尽可能多利用、少排放。生态持续性是指发展要以自然保护为基础，不能超越生态环境系统的更新能力。可持续发展强调将环境保护作为发展进程中的重要组成部分和衡量发展质量、发展水平和发展程度的客观标准之一，以保持支撑着人类经济活动和社会发展的生态环境系统的承载能力。社会持续性是指发展要以提高人类生活质量为目标，同社会进步相适应。社会持续性的核心问题是社会公平，它包含了当代人的公平、代际公平、公平分配和利用有限资源，以及在享有资源利用效益和承担环境保护义务间的公平等多层含义，其共同目标就是实现整个人类的全面发展和社会的共同进步。可持续发展作为崭新的人类发展模式，要求能动地调控社会经济－自然复合大系统，以生态持续为基础，以经济持续为条件，以社会持续为目的，追求人类和自然的协调发展和共同进步[4]。

　　化学工业是我国的支柱产业之一，石油化工、煤化工、生物化工、精细化工、盐化工及医药工业等生产领域与人类的衣、食、住、行及文化需求等各个方面有着紧密的联系。可以说化学与化学工程科学的成果及其应用，创造了无数的新产品，它们进入每一个普通家庭的生活，使我们的衣、食、住、行各个方面都受益匪浅。但是，化学品的大量生产和广泛应用，给人类本来绿色平和的生态环境带来了危害。当前全球的十大环境问题（即全球气候变暖、臭氧层的耗损与破坏、生物多样性减少、酸雨蔓延、森林锐减、土地荒漠化、大气污染、水污染、海洋污染、危险性废物越境转移）都直接或间接与化学物质污染有关。化学工业正面临着促进人类可持续发展的严峻挑战，这也决定了化学工业在推进可持续发展战略中具有举足轻重的作用。以下对化学工业自身的特点做进一步说明。

　　首先，化学工业属于能源密集型产业部门。具体表现在：一是能源消费总量大，我国 2012 年全年能源消费总量为 36.2 亿吨标准煤，化工行业生产每年消耗的能源占全国能源消费总量的 10%左右；二是能源消费总量中约有 40%作为生产原料，60%作为动力和燃料，而原料消耗的成本又往往占了产品成本的 70%~80%，这与其他生产部门能源消费的特点有很大不同，节能降耗水平是影响企业经济效益的重要因素；三是能源消费结构中，煤和焦炭占 68.5%，由于煤炭不同于石油、天然气等优质能源的固体特性，其化学加工难度较大，表现为加工流程长、投资大、能源利用率低、污染排放量大，这种能源结构也是制约我国工业化整体进程的重要因素之一；四是大量的能源消耗主要集中在少数大宗产品，仅合成氨的能源消耗就占全行业能源消费的 40% 左右。

其次，化学工业属于重污染的产业部门，主要污染源有以下两方面：一是化学工业的产品有许多易燃、易爆、有毒的化学物质，在生产、储存、运输及使用过程中，如果发生泄漏，就会危害人们的健康，污染环境（图 1-4）；二是在化学工业的生产过程中会产生大量废气、废液和固体废物，如果不加以适当处理就排放到周围环境中，会给大气、水、土壤等自然环境造成危害。

图 1-4　易燃、易爆化学品

最后，化学工业还将通过其丰富的产品密切关系到可持续发展战略的实施。第一，粮食安全问题是我国可持续发展的头等重要大事。多年来，化肥生产为我国粮食生产做出了巨大贡献。随着我国人口的增长，人均粮食消费量水平不断提高，而城市化进程使得本来不足的耕地资源又逐渐减少，我国粮食生产将面临严峻形势。21 世纪，化肥工业仍是支撑农业发展不可动摇的基石。第二，大力发展城市燃气是提高民用能源利用效率、降低城市大气污染的必然趋势。由于我国石油、天然气资源有限且分布不均匀，大多数城市的燃气化还必须依靠煤制气来实现。经济、高效的城市煤气生产与化学工业是紧密联系在一起的。第三，化学工业本身是重污染行业，但是，要治理污染、解决废弃物的处理和资源化利用等问题又往往离不开化工转化过程和操作，如工业废气和污水的处理、城市垃圾的处理、废塑料制品的回收与再生等。随着人们的环保意识不断强化，对各种绿色产品的需求也会大大增加，这些产品中不少属于化工类产品，如对人体和环境更安全的新型材料和涂料等。新兴的环保产业被看作未来最有希望的朝阳产业，而化学工业在这一领域无疑将占有一席之地。

对于化学工业，可持续发展的含义相对集中地体现在清洁生产和资源综合利用上。化学工业的可持续发展之路在于：在建立与资源、能源集约化相适应的化工技术体系的基础上，通过制定合理的产业政策与技术路线，发展清洁生产和资源综合利用，以达到节约资源、能源，保护环境，提高产业综合效益的目的[4]。

1.2.2　绿色化学的诞生

在化学工业领域，人们从自然界获取各种原料，经加工处理，其中约 1/3 直接转化为废弃物和污染物，其余 2/3 转化为产品。废弃物、污染物和使用后废弃的产品不仅损害生态环境，有的还直接危害人类的健康。人类过分热衷于满足眼前的需要，而拿地球的生态系统冒险。有鉴于此，"绿色科技"应运而生。它是对生态环境友好的科技，其目的是在生态环境容许的负荷与人类生产、生活消费的需要之间把握最佳平衡，使社会经济与环境协调发展。在对待污染问题上，"绿色科技"把过去以末端治理为主的模式转变为以源头预防为主的模式。在"绿色科技"中，绿色化学起着举足轻重的作用。

从 20 世纪 60 年代化学农药污染的危害被提出来之后，经过几十年的努力，化学污染防治取得了巨大的成就：发展了新的灵敏分析监测手段，可有效测定环境中的污染物；从成千上万的化学品中鉴定出有毒化合物的类型，并研究了其作用机理；发明了化学方法用以处理废弃物；治理了危险的污染点，减少了废弃物排放；等等。对一些全球性的化学污染（如原油泄漏、燃煤烟尘、酸雨、汽车尾气、温室效应、有机氯农药、环境致癌物等）的研究、控制、治理已取得较大的进展。

当今世界各国生产和使用着约 10 万种化学品。仅美国化学工业每年就要排放约 30 亿吨化学废弃物（约含 1 500 万吨化学品）。其中进入大气的约占废弃物总量的 60%，进入土壤的约占 10%，进入表面水系的约占 10%，进入地下的约占 20%。为了达到环境保护法律的要求，美国每年要花 1 500 亿美元去控制、处理和掩埋这些废弃物[3]。这些费用自然会被转嫁给整个社会乃至其他国家。有毒化学品的生产和使用过程会危害有关人员的健康，使用后会造成环境生态系统的污染和破坏。纵观过去几十年来解决这一问题的诸多办法，基本上以治理为主。经验证明，这些办法的效果是有限的，所需费用高昂且日益增长。为了从技术上、经济上减小或消除生产和使用化学品对环境和人类健康所造成的负面影响，需要有新的思路、理念、政策、计划、程序和基础设施。1990 年美国国会通过了《污染预防法案》，明确提出了"污染预防"这一新概念。它虽不具法律效力，但是作为一个行动指南，详细说明了污染预防的体系和不同层次。它包括废弃物的清除、处理、回收，减少污染源和杜绝污染源。最后这一项"杜绝污染源"代表了"污染预防"这一新概念的最终目标。防止有毒化学物质危害的最好的方法就是一开始就不要生产有毒物质和形成有害废弃物。这项法案标志着控制化学品危害、保护环境的一个新时期的开始，是积累 30 年化学污染治理经验和教训的产物，似乎与古朴的哲学思想——"防患于未然"不谋而合。当然如果没有发展到 20 世纪 90 年代的物理科学、生命科学和工程学的成果作为后盾，它是不可能被提出和实现的。20 世纪 90 年代初，一个"新生化学婴儿"在孕育着，它受到各方关注并被起了不少名字，如清洁化学、环境无害化学、原子经济化学和绿色化学等。最后美国环保局采用了"绿色化学"作为它的名字。

目前，相当多重大的生态环境问题都与化学工业直接有关，因而"绿色化学与化工"是 21 世纪"绿色科技"的关键。美国国家科学基金会（NSF）和许多化工企业已经为"绿色化学"研究提供专门的资金支持，并设立了"总统绿色化学挑战奖"，以奖励有重大突破的"绿色化学"成果。"绿色"是环境意识的革命，"绿色化学"则是化学学科的又一次飞跃。有人指出，"绿色化学"将给化学工业和环境工程带来革命性的变化[5-6]。

1.2.3 绿色化学的含义和特点

化学可以被粗略地看作研究从一种物质向另一种物质转换的科学。传统的化学虽然可以得到人类需要的新物质，但在许多情况下却未能有效地利用资源，以致产生大量排放物造成严重的环境污染。绿色化学相对于传统化学是更高层次的化学，其英文名称为 Green Chemistry。它是 20 世纪 90 年代兴起的一门学科，有人又称之为环境无害化学（Environmentally Benign Chemistry）、环境友好化学（Environmentally Friendly Chemistry）、清洁化学（Clean Chemistry）。目前，比较统一的名称为绿色化学。关于绿色化学的定义，较为一致的提法是：利用化学的技术和方法去减少或避免那些对人体健康、社区安全、生态环境有害的原料、催化剂、溶剂和试剂、产物及副产物等的使用和产生。绿色化学的理想在于不再使用有毒、有害的物质，不再产生废物，不再处理废物。它是从源头上防止污染的化学，能最大限度地从资源合理利用、环境保护及生态平衡等方面满足人类可持续发展需求，是化学中的一个综合学科和重要分支[7]。

　　绿色化学的主要特点是原子经济性，即在获取新物质的转化过程中充分利用每个原料原子，实现"零排放"，因此可以充分利用资源，又不产生污染。传统化学向绿色化学的转变可以看作化学从粗放型向集约型的转变。绿色化学可以变废为宝，使经济效益大幅度提高，它是环境友好技术或清洁技术的基础，但它更注重化学的基础研究。绿色化学与环境化学既相关又有区别。环境化学研究对环境产生影响的化学反应，而绿色化学研究对环境友好的化学反应。传统化学中也有许多环境友好的反应，绿色化学继承了它们；对于传统化学中那些破坏环境的反应，绿色化学将寻找新的环境友好的反应来代替它们。绿色化学中的反应物及反应过程应具有以下特点[8]：①采用无毒、无害的原料；②在无毒、无害的反应条件（催化剂、溶剂）下进行；③具有原子经济性，即反应具有高选择性，极少有副产物，甚至实现"零排放"；④产品应是环境友好的。

1.2.4　生态文明生活中的绿色化学

　　生态兴则文明兴。党中央非常关注生态环境保护，习近平总书记特别强调："生态文明建设是关系中华民族永续发展的根本大计。"（《习近平新时代中国特色社会主义思想学习纲要》，人民出版社，2019 年，169 页）

　　习近平总书记在十九大报告中指出，加快生态文明体制改革，建设美丽中国。而绿色发展是美丽中国建设的首要任务，绿色化学是绿色发展的重要内容，凸显了绿色化学的重要性。十九大报告不仅提出了解决生态文明问题的总体指导思想，而且提出切实可行的具体措施。就总体指导思想而言，报告明确提出"既要创造更多物质财富和精神财富以满足人民日益增长的美好生活需要，也要提供更多优质生态产品以满足人民日益增长的优美生态环境需要"。这事实上就把生态文明建设明确地列入了我们党"不忘初心、牢记使命"的宏伟蓝图中。就具体措施而言，报告提出了详尽的生态文明建设举措，如：加快建立绿色生产和消费的法律制度和政策导向；提高污染排放标准，强化排污者责任，健全环保信用评价、信息强制性披露、严惩重罚等制度；完成生态保护红线、永久基本农田、城镇开发边界三条控制线划定工作；改革生态环境监管体制；等等。党的十九大报告明确提出，"建设生态文明是中华民族永续发展的千年大计。必须树立和践行绿水青山就是金山银山的理念，坚持节约资源和保护环境的基本国策，像对待生命一样对待生态环境，统筹山水林田湖草系统治理，实行最严格的生态环境保护制度，形成绿色发展方式和生活方式，坚定走生产发展、生活富裕、生态良好的文明发展道路，建设美丽中国"。习近平总书记提出"绿水青山就是金山银山"的"两山"理念，打破了经济发展与生态环境保护对立的传统思维，深刻阐明了"保护生态环境就是保护生产力，改善生态环境就是发展生产力"的内涵逻辑，为推进我国生态文明建设和绿色发展指明了发展方向和实践遵循[9]。

生态文明建设的主线是绿色发展，绿色化学是绿色发展的重要内容，以可持续发展为主旨，与生态文明建设在开发中保护生态的理念高度契合，发展绿色化学已成为推动生态文明建设的重要途径。

参考文献

[1]　钟平，余小春. 化学与人类[M]. 杭州：浙江大学出版社，2005.

[2]　唐有祺，王夔. 化学与社会[M]. 北京：高等教育出版社，1997.

[3]　王延吉，赵新强. 绿色催化过程与工艺[M]. 北京：化学工业出版社，2015.

[4]　陈迎，曲德林，滕藤. 化学工业与可持续发展战略的思考[J]. 化工进展，1997（4）：16-22.

[5]　薛慰灵. 绿色化学——对环境更友善的化学[J]. 化学教育，1997（9）：1.

[6]　林祥钦，谷云乐."绿色化学"与化工——21 世纪可持续发展的一个战略方向[J]. 中国化工，1997（9）：49-50.

[7]　朱清时. 绿色化学与可持续发展[J]. 中国科学院院刊，1997（6）：415-420.

[8]　朱清时. 绿色化学的进展[J]. 大学化学，1997（6）：7-11.

[9]　《全面建成小康社会与中国县域发展》编写组. 全面建成小康社会与中国县域发展（上卷）[M]. 北京：人民出版社，2022.

 # 第 2 章　绿色化学与环境

　　许多化学物质在为人类创造幸福的同时，也对环境造成了危害，大家熟知的臭氧层空洞、酸雨和水体富营养化等都与化学有关。环境质量与人类的生存质量直接相关，并关系着人类社会的可持续发展，环境问题已成为影响全球经济与社会可持续发展的重要问题之一。目前，各国对环境的治理已开始从治标转向治本，倡导绿色化学，积极推行清洁生产工艺，生产环境友好型产品，从源头上消除污染；同时，利用绿色化学技术，对已产生的环境污染积极开展治理，使蓝天白云和青山绿水重回人间。

2.1　环境与环境问题

2.1.1　环境

　　环境是指影响人类生存和发展的各种天然的和经过人工改造的自然因素的总体，包括大气、水、海洋、土地、矿藏、森林、草原、野生生物、自然遗迹、人文遗迹、自然保护区、风景名胜区、城市和乡村等。环境由自然环境和社会环境（人工环境）组成，按照环境要素，自然环境又可分为大气环境、水环境、土壤环境、地质环境和生物环境等，主要是指地球的大气圈、水圈、土圈、岩石圈和生物圈，其中生物圈与人类生活的关系最为密切[1]。

2.1.2　环境问题

环境既是人类生存与发展的物质来源，同时又是人类活动所产生的各种废弃物的承载者。通常所说的环境问题主要是指由于人类不合理开发和利用自然资源而造成的生态环境破坏，以及工农业生产和人类生活所造成的环境污染。环境问题实质上是一个经济和社会问题，是由于人类对自然环境规律认识不足，盲目发展和不合理开发与利用自然资源而造成的环境质量恶化，以及资源浪费甚至枯竭。

1. 环境问题的发展

在工业革命以前，主要的环境问题是生态环境破坏，包括严重水土流失、水旱灾频繁以及沙漠化问题；第一次产业革命期间（18 世纪 60 年代—19 世纪 40 年代）的环境问题主要表现为工业污染，由于经济发展的不平衡，从全球角度来看，其危害只是局部的；在第二次产业革命期间（19 世纪 60 年代—20 世纪初），过去潜在的污染危害和新的环境污染共同酿成了全球关注的污染公害；20 世纪 80 年代至今，从 1985 年英国科学家发现南极上空出现臭氧层空洞开始，全球气候变暖、生物多样性锐减等全球性环境问题日益受到世人的关注。

2. 全球性环境问题

1）大气环境问题日渐突出

（1）全球气候变暖：燃料在燃烧过程中会产生 CO_2 和 H_2O（水蒸气），产生的 CO_2 可溶解在雨水、江河、湖泊和海洋里，也可以被植物吸收进行光合作用等。产生的 CO_2 量和去除的 CO_2 量之间达到平衡，使大气中 CO_2 的浓度保持在一定范围内。

地球大气层中的 CO_2 和 H_2O 等允许部分太阳辐射（短波辐射）透过并到达地面，使地球表面温度升高；同时，大气又能吸收太阳和地球表面发出的长波辐射，仅让很少的一部分热辐射散失到宇宙空间中去。大气吸收的辐射热量多于散失的辐射热量，最终使地球保持相对稳定的气温，这种现象称为温室效应。温室效应是地球上生命赖以生存的必要条件。但是由于人口激增、人类活动频繁，化石燃料的用量猛增，加上森林面积因乱砍滥伐而急剧减少,大气中 CO_2 和各种气体微粒的浓度不断增加,致使 CO_2 吸收及反射回地面的长波辐射能增多,引起地球表面气温上升,使温室效应加剧,气候变暖。因此,CO_2 量的增加,被认为是大气污染物对全球气候产生影响的主要原因。但是温室气体并非只有 CO_2,还有 H_2O、CH_4(甲烷)、CFC(氟氯烃,几种氟氯代甲烷及乙烷的总称,商品名为氟利昂)等。研究温室气体对全球变暖的影响时,主要考虑以下三个因素。第一,温室气体在大气中的浓度。大气中多原子分子浓度最大的是 CO_2,它是主要的温室气体,浓度年增长率为 0.5%。第二,温室气体的增长趋势。虽然 H_2O 的平均浓度在温室气体中居第二位,但是浓度增长不明显,则对温室效应的增强影响不大,所以人们谈论全球变暖时,都未提到 H_2O。在温室气体中占第三位的 CH_4 的浓度年增长率为 0.9%,占第四位的 N_2O 的浓度年增长率为 0.25%,原来大气中并不存在的 CFC 的浓度年增长率高达 4.0%。第三,各种分子吸收红外辐射的能力。如 CFC 分子吸收红外辐射的能力是 CO_2 分子的几千万倍。全球变暖会导致全球降水量重新分配、冰川和冻土消融、海平面上升等。

(2)酸雨危害:酸雨是指 pH<5.6 的雨水,它是因工业发展而产生的一种灾害。人类大量使用煤、石油、天然气等化石燃料,向大气中排放硫氧化物(SO_x)或氮氧化物(NO_x)。它们经过化学反应形成硫酸(H_2SO_4)或硝酸(HNO_3)气溶胶,或者被云、雨、雪、雾捕捉吸收,形成酸雨降落到地面上。此外,土壤中某些机体(如动物尸体和植物残败枝叶)被微生物分解产生的某些硫化物、火山爆发喷出的二氧化硫(SO_2)、森林火灾排放的 SO_x,也是引起酸雨的原因之一。酸雨会导致河流、湖泊酸化,影响鱼类繁殖甚至导致鱼类种群灭绝;土壤酸度提高会使细菌种类减少,土壤肥力减退,影响作物生长,还会导致土壤中锰、铜、铅、镉和锌等重金属转化为可溶性化合物,迁移进入江河湖泊引起水质污染,进而通过食物链对人体健康产生影响。我国是化石能源消耗大国,受酸雨危害较为严重,已成为世界三大酸雨区域之一。(图 2-1)

图 2-1 酸雨的形成

实例： 1952 年伦敦发生烟雾事件，整个城市笼罩在烟雾中，犹如世界末日。当时伦敦正在举办一场得奖牛的展览盛会，但是 350 头牛中有 52 头出现严重中毒的症状，14 头已经奄奄一息，1 头当场毙命。伦敦市民还没来得及感到遗憾，自己也有了反应。许多人感到呼吸困难、眼睛刺痛，出现哮喘、咳嗽等呼吸道症状的病人明显增多。接下来的 4 天时间，伦敦市的死亡人数达 4 000 余人，平均每天死亡约 1 000 人。当有毒烟雾散开后，酸雨降临，雨水的 pH 值低到 1.4~1.9，这可比高浓度的番茄汁或柠檬汁酸不知多少倍。酸雨停后浩劫并没有停止，2 个月后，又有 8 000 多人陆续丧生。

（3）臭氧层破坏：臭氧层是大气平流层中臭氧浓度最大的一个空域，能够吸收大部分太阳紫外辐射，是地球的保护层。过去人类的活动尚未达到平流层，所以臭氧层未受到影响。随着科技的发展，人类对环境的影响越来越大。人类过多地使用 CFC 是导致臭氧层破坏的主要原因。这些物质进入大气平流层后，降解产生的卤原子与空气中的臭氧发生链式反应，使臭氧分解为氧气（O_2），从而破坏大气平流层中的臭氧层，产生臭氧空洞。1985 年英国南极科考队发现南极上方出现了面积与美国大陆相近的臭氧层空洞，1989 年科学家又发现北极上空正在形成另一个臭氧层空洞。此后，科学家还发现空洞并非固定在一个区域内，而是每年在移动，且面积不断扩大。臭氧层变薄和出现空洞，就意味着有更多的紫外线到达地面。紫外线对生物具有破坏性，对人的皮肤、眼睛甚至免疫系统都会造成伤害，强烈的紫外线会影响鱼虾类和其他水生生物的正常生存，乃至造成某些生物灭绝，同时会严重阻碍各种农作物和树木的正常生长，还会导致温室效应加剧。（图 2-2）

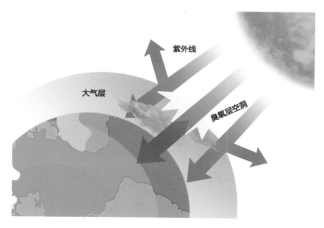

图 2-2　臭氧层破坏

（4）雾霾的危害：雾霾的主要原因是汽车尾气和煤炭不完全燃烧造成的 SO_2 污染，其中最具代表性的就是细颗粒物（$PM_{2.5}$），$PM_{2.5}$ 能通过呼吸系统直接进入肺部，从而给肺部功能带来一定的影响，久而久之会诱发多种疾病[2]。（图 2-3）

图 2-3　雾霾

2）大面积生态破坏加剧

（1）生物多样性减少：生物多样性即生物及其生存环境（包括地球上所有的植物、动物和微生物及其所拥有的全部基因和各种各样的生态系统）的多样性，包括物种多样性、遗传多样性和生态系统多样性三个层次，其中物种多样性是生态系统多样性的关键。目前已知的生物约有 200 万种，这些形形色色的生物物种构成生物物种多样性，为人类提供各种食物、纤维、建筑材料及其他工业原料。在生态系统中，各种生物之间具有相互依存和相互制约的关系，它们共同维系着生态系统的结构和功能，一旦某种生物减少，生态系统的稳定性就会遭到破坏，人类的生存环境也就会受到影响。

我国的不少特有物种，如黑猩猩、蓝鲸、小熊猫、大熊猫、东北虎、华南虎、亚洲象、麋鹿、犀牛、藏羚羊、丹顶鹤、扬子鳄、中华鲟、水杉、银杏、红豆杉、阔叶苏铁、长白松等都面临灭绝威胁。据联合国环境规划署（UNEP）估计，在未来的 20~30 年中，地球上有 25% 的生物将处于灭绝的危险之中。（图 2-4）

图 2-4　稀有物种

（2）森林锐减：森林可以调节气候、防风固沙、涵养水源、保持水土、净化空气，不仅为动物提供栖息场所，还为人类提供大量宝贵的资源。当森林遭到破坏后，这些作用就会全部消失。可惜的是，自有人类文明以来，过度采伐森林及自然灾害所造成的森林大量减少的现象从未中断过，其中热带雨林锐减尤为显著。森林锐减会直接导致生态危机。科学家们断言，假如森林从地球上消失，陆地上 90% 的生物将灭绝，全球 90% 的淡水将白白流入大海，生物固氮将减少 90%，生物释氧将减少60%，许多地区的风速将增加 60%~80%，同时将伴生许多生态问题，人类将无法生存。

1985 年，联合国粮食及农业组织（FAO）制定了热带森林行动计划，要求与热带森林有密切关系的各国及国际组织讨论和制定森林规划，并加强林区发展机构间的合作，采取热带森林保护、再生和适当利用措施；1992 年 6 月，在巴西里约热内卢召开的联合国环境与发展大会通过了《关于森林问题的原则声明》和《21 世纪议程》，再次强调森林可持续发展对环境的重要性，要求各国立即采取具体行动，以缓解森林锐减问题。

（3）土地荒漠化：气候变化和人类不合理的生产活动等导致干旱、半干旱地区和具有干旱灾害的半湿润地区的土地发生退化，即土地荒漠化。在诸多的环境问题中，土地荒漠化是最为严重的问题之一，它会导致饥荒。我国是世界上土地荒漠化严重的国家之一，荒漠化面积大、分布广、类型多，形势十分严峻。截至 2019 年，我国荒漠化土地面积为 257.37 万 km^2，涉及北京、天津、河北等 18 个省市中的 528 个县区，沙化土地有 168.78 万 km^2。

（4）淡水资源枯竭：淡水资源由江河及湖泊中的水、高山积雪、冰川及地下水等组成，地球上的淡水仅仅占总水量的 2.7%。全球现有 80 个国家水源不足，20 亿人的饮水得不到保障，12 亿人面临中度到高度缺水的压力，预计到 2025 年，形势还会进一步恶化。我国淡水资源总量约为 28 000 亿 m^3，占全球水资源的 6%，仅次于巴西、俄罗斯和加拿大，位列世界第 4 位，总量虽然丰富，但人均量却远低于世界平均水平，仅排在世界第 121 位。同时，我国水资源分布严重不均，大量淡水资源集中在南方，北方淡水资源仅为南方的 1/4。据统计，我国 600 多个城市中有一半以上城市不同程度地缺水，沿海城市也不例外，甚至更为严重。近 10 年来我国七大河流之一的淮河多次断流。根据卫星照片分析，全国数百个湖泊正在干涸，一些地方性的河流也在消失。

（5）海洋污染：海洋面积辽阔，储水量巨大，亿万年来一直接纳着从陆地流入的各种物质，保持着地球上最稳定的生态系统。可是，人类已经打破了这种平衡。人类的生产、生活活动产生的各种污染物损害了海洋生物资源，改变了海洋原来的状态，使海洋生态系统日益遭到破坏。尤其是近几十年来，随着各国工业的快速发展，海洋污染日趋加重，局部海域环境已经发生了很大改变，并在继续恶化。

海洋污染的污染源多、危害持续性强、扩散范围广，难以控制。海洋污染造成的海水浑浊严重影响海洋植物（浮游植物和海藻）的光合作用，从而影响海域的生产力，对海洋生物产生很大危害；重金属和有机物等有毒物质在海域中蓄积，并通过海洋生物的富集作用，对其他海洋生物及人体造成毒害；石油污染在海洋表面形成面积很大的油膜，阻止了空气中的 O_2 向海水中溶解，造成海水缺氧，从而危害海洋生物，并祸及海鸟和人类；好氧有机物污染引起的赤潮（海水富营养化的结果），造成海水缺氧，导致大量海洋生物死亡。（图 2-5）

图 2-5 海洋污染物祸及海洋生物

3）突发性环境污染事故频发

近几十年来，在极短的时间内因大量污染物排放，对环境造成严重污染和破坏的突发性环境污染事故频频发生，如核污染事故，剧毒农药和有害化学品的泄漏、扩散等，给人民的生命和财产造成了重大损失。不同于一般的环境污染，这种环境污染事故发生突然，扩散迅速，危害严重。根据事故发生的原因、主要污染物的性质及事故的表现形式等，可将突发性环境污染事故分为多种类型：有毒有害化学品、剧毒农药、放射性物质、原油及各种油制品等在生产、使用、贮存和运输过程中，因泄漏或非正常排放所引发的污染事故；易燃、易爆物质所引起的爆炸、火灾事故，如煤矿瓦斯、煤气、液化石油气、火药等使用不当造成的爆炸事故，有些垃圾、固体废物堆放或处置不当，也会发生爆炸事故；因操作不当或事故原因使大量高浓度废水排入地表水体中，致使水质突然恶化的污染事故。

突发性环境污染事故，往往会在很短的时间内导致局部地区生态的严重破坏，造成大量人员伤亡，带来重大的经济损失，引起社会恐慌。

2.1.3 绿色化学在环境保护中的作用

目前，环境问题愈发受到各国关注。如何有效利用资源已成为各国发展的重点。而在以往的化工生产中，往往存在原子利用率低、污水排放不当等诸多问题。而绿色化学通过合理利用自然资源，提高原子利用率，减少有毒物质的排放，从源头上实现对环境污染的治理[3]。绿色化学期望通过化学原理，将反应物全部转化为目标产物，生产出不对环境和人体造成伤害的产品。绿色化学通过采用绿色实验，减小反应物与生成物的污染，加强原料的再利用，采用无毒无害且高效的催化剂等加强对环境的保护，目前前沿的技术有超临界流体、基因技术等[4]。

　　绿色化学可以有效处理环境中的水污染、大气污染以及固体废弃物污染等问题，相对于其他治理手段具有更大的优势。首先，绿色化学治理污染的效率更高，可以从源头快速处理水污染、空气污染等，既保住了效率也减小了污染影响范围，有效提升了污染治理质量。其次，相对于其他污染治理方式而言，绿色化学的应用成本更低，可以在使用较少资源的情况下对材料进行处理，降低其在使用过程中产生的污染，还可以对应用过的材料进行二次处理，实现对资源的重复利用。在技术应用过程中，绿色化学技术不容易受到技术设备的限制，可以有效避免治理污染期间可能产生的二次污染，对于治理污染效率的提升具有重要意义。最后，绿色化学这一技术更容易达到人们的污染处理要求，对于传统污染的处理具有极好的效果，可以快速在各行业中得到推广，促进技术应用的规范化发展，有利于保护生态环境。

　　建设绿色家园是人类的共同梦想，生态环境保护同每个人息息相关，实现人与自然和谐共生需要大家的共同努力。2021 年政府工作报告提出，加强污染防治和生态建设，持续改善生态环境质量，扎实做好碳达峰、碳中和各项工作，促进生产生活方式绿色转型，为我们描绘了蓝天、碧水、净土的美丽图景。（图 2-6）

图 2-6　绿色家园

2.2　绿色化学与大气污染

2.2.1　大气污染物的主要来源及种类

　　人为和自然因素导致某些物质进入大气中，当这些物质的浓度达到有害程度时，就会破坏大气生态系统和人类正常生存及发展的条件，这种现象就称为大气污染。

　　大气污染物分为一次污染物和二次污染物，前者是指从污染源直接排入大气，其形态没有发生变化的污染物，后者是指由污染源排出的一次污染物之间或一次污染物与大气中原有成分之间发生一系列化学或光化学反应而形成的新的污染物。

　　大气污染源于自然和人为因素，自然因素（如森林火灾、火山爆发等）造成的大气污染多为暂时的和局部的，而人为因素（如人类日常生活中向环境中排放污染物）是造成大气污染的主要根源。（图 2-7 和图 2-8）

图 2-7　人为因素造成的大气污染

图 2-8 自然因素造成的大气污染

（1）燃料燃烧。工矿企业和生活燃煤会产生大量的 CO（一氧化碳）、CO_2、SO_2 和颗粒物等，这些物质构成了大气污染物的主要成分。在人类的生态文明生活中，工业和科学技术的现代化发展，使燃料用量大幅度上升，从而造成大气的污染日趋严重[5]。

（2）工业生产过程。化工、石油炼制、钢铁、炼焦、水泥等很多类型的工业企业，在原料及产品运输、产品生产及粉碎等过程中，都会向大气中排放粉尘、碳氢化合物、含硫化合物、含氮化合物以及卤素化合物等各种污染物。

（3）农业生产过程。农业生产过程对大气的污染主要来自农药和化肥的使用。绝大多数农药是有机化合物，难溶于水，施用后会悬浮在水面，随同水一起蒸发而进入大气。化肥中的多数氮肥在施用后可直接从土壤表面挥发进入大气；进入土壤内的有机或无机氮肥，在土壤微生物的作用下可转化为 NO_x 进入大气。此外，稻田释放的 CH_4，也会对大气造成污染。

（4）交通运输。各种机动车辆、飞机、轮船等交通运输工具主要以燃油为动力，燃料燃烧可产生 CO_2、NO_x、SO_x 等污染物，直接排入大气，造成大气污染。在阳光照射下，有些还可经光化学反应生成光化学烟雾，产生二次污染物。

对烟尘、SO_2、NO_x 和 CO 四种主要污染物的跟踪分析表明，我国大气污染物主要来源于燃料燃烧，其次是工业生产过程与交通运输。

2.2.2　绿色化学在大气污染方面的应用

当前大气污染是我国环境污染中最主要的一种类型。当前我国需要治理的大气污染类型主要包括汽车尾气、工业生产废气以及生活废气等[6]。随着社会经济迅速发展，工业生产规模不断扩大，大气污染将越来越严重，为了及时制止这种情况，必须采取有力措施控制大气污染的产生，并且对已经产生的废气进行有效处理和转化。国内很多地区当前还在使用传统的废气处理技术，大量雾霾和酸雨由此产生，为了治理这种现象[7]，必须使用绿色化学技术进行废气处理。利用绿色化学零排放的特点，人们可以在日常的化学反应中实现对环境的零污染。

大气的主要污染物包括 SO_x、CO、NO_x、碳氢化合物等。SO_x、NO_x 是工业生产中常见的废气，在含量超标时，有可能导致酸雨和雾霾。因此，脱硫技术是绿色化学的重点之一。

绿色化学技术在大气污染治理中主要有以下三点具体措施。

第一，洁净煤技术。实现煤炭清洁高效利用一直是人们关注的重点[8]。其属于对污染的预防，是在煤炭开发与利用的所有环节中减少污染、提高利用率。国内洁净煤技术可用于制造煤气、合成油、甲醇等产品，极大地减少了 SO_2 的排放。由于我国是煤矿资源丰富、以煤为主要能源的国家之一，洁净煤技术的应用将极大地减少我国 SO_2 的排放量，进而能够有效减轻我国大气污染治理的压力。

洁净煤技术又称清洁煤技术（CCT），指在煤炭清洁利用过程中旨在减少污染排放与提高利用效率的燃烧、转化合成、污染控制、废物综合利用等先进技术。洁净煤技术是煤炭开采、加工、转化、燃烧及污染控制等一系列技术的总称，旨在减少污染物排放和提高利用效率，贯穿从开发到利用的全过程。作为完备的体系，洁净煤技术涵盖范围很广泛，既包括开采过程中的矿区污染控制技术和对煤层气、煤矸石的资源化利用技术，又包括煤炭利用过程中的环保技术。就煤炭利用过程中的环保技术而言，它大致划分为两类——煤直接清洁利用技术和煤转化为洁净燃料技术[9]。

煤直接清洁利用技术具体来说包括燃烧前的净化加工、燃烧中的清洁燃烧和燃烧后的烟气净化处理技术。燃烧前，对煤炭进行脱硫处理，除去或减少灰分、矸石、硫等杂质；在散煤中加入石灰固硫剂，将其加工成型，减少 SO_2 和烟尘排放。燃烧过程中采用流化床燃烧技术和先进燃烧器技术。前者旨在降低燃烧温度，从而减少 NO_x 排放，通过向煤炭中添加石灰减少 SO_2 排放。后者通过改进锅炉、窑炉结构，减少 SO_2 和 NO_x 的排放。燃烧后，对尾气进一步做消烟除尘和脱硫脱氮处理，实现环境友好型排放。

煤转化为洁净燃料技术是在煤炭产业链的下游以煤为原料进行深度的化学加工，提高煤的利用效率，从而提升整个产业链的经济效益和可持续发展水平。煤转化为洁净燃料技术主要包括煤的气化、液化技术以及煤气化联合循环发电技术。煤的气化技术，是在常压或加压条件下，保持一定温度，通过气化剂与煤炭反应生成煤气，从而实现脱硫、除氮、排渣，大大提高洁净度。煤的液化技术则有间接液化和直接液化两种。前者是先实现煤气化，再把煤气液化，如煤制甲醇，可以替代汽油使用；后者是把煤直接转化成液体燃料，比如，直接加氢将煤转化成液体燃料，或煤炭与渣油混合成油煤浆，反应生成液体燃料。煤气化联合循环发电技术是指煤经过气化产生中低热值煤气，煤气经过净化后成为清洁的气体燃料，燃烧后驱动燃气轮机发电，并且利用高温粗煤气余热和烟气余热在废热锅炉内产生的高压过热蒸汽驱动蒸汽轮机发电。此项技术既提高了发电效率，又有很好的环保性能。

实例：甲醇是我国基础化工原料之一，它在我国的化学工业中有着非常广泛的用途。甲醇可以用来制造甲醛、乙酸、甲烷氯化物和甲胺等一系列有机物，这些有机产品可以被广泛地应用于塑料、合成纤维、合成橡胶、染料和涂料等行业。甲醇还是一种高效的液体燃料，具有较高的能量密度和可储存性，作为代替传统燃料的清洁能源，有助于减少对化石燃料的依赖和对环境的污染。

洁净煤技术的发展对治理大气污染和应对气候变化都具有重要的战略意义，对实现人类生态文明建设有重要作用。

第二，柴油加工绿色化。使用硫化物型催化剂对柴油进行脱硫，属于对污染的治理，例如加氢脱硫技术（HDS）、催化裂化技术、氧化脱硫技术等，改进的方法是研制金属氮化物；此外，利用合金新材料进行芳烃饱和来降低柴油中芳烃的含量是国内研究的热点，利用活性炭吸附剂脱硫是一种新兴的技术，具有低投资、高效率的优点，能够实现多种污染物同时脱除，而且可以将烟气中的硫进行资源化回收，这与烟气综合化处理的方向是一致的[10]，预计在未来会成为主流的柴油脱硫技术。

目前，活性炭的制备原料以煤炭和生物质为主，煤炭资源不可再生，而生物质资源丰富，价格低廉，具有可再生和低污染等特点，通过炭化、活化可以制备出具有较发达孔隙结构和较大比表面积的生物质活性炭[11-12]。大豆秸秆中含有大量的氮元素，可以作为富氮前体，通过热解、活化得到表面有大量含氮官能团的活性炭[13]。而含氮官能团大部分都是碱性基团，对 SO_2 等酸性气体有良好的吸附能力，因此，有效提高活性炭材料中含氮官能团的数量，可以提高脱除 SO_2 的能力[14]。利用大豆秸秆制备活性炭既可以有效合理利用生物质，又可缓解以煤炭和木材制备活性炭造成的资源损耗，还可推动大气污染物 SO_2 脱除技术的发展，对提高活性炭的脱硫性能和生物质的经济价值具有重要意义[15]。

第三，煤炭生物脱硫技术。这种技术属于燃前脱硫技术，主要包括微生物浸出脱硫法和微生物表面处理脱硫法。微生物浸出脱硫法是一种常用的生物脱硫技术，利用微生物菌种的生命活动对煤炭进行脱硫处理，也属于对污染的治理。这种方法具有经济性良好、处理量大的特点。微生物表面处理脱硫法有着处理时间短的特点。能源问题和环境问题是关系到人类社会可持续发展的重要问题，随着经济的发展和社会的进步，人们对能源利用的清洁性和高效性越来越重视，对于煤炭脱硫技术的研究有着积极的现实意义。煤炭生物脱硫技术有着无可比拟的生态效益，其脱硫成本有着较大优势，因此其经济效益十分可观。虽然煤炭生物脱硫技术在应用的过程中还存在一定的问题，但其开发空间较大，应用前景良好。

2.3　绿色化学与水污染

2.3.1　水资源

地球表面上水的覆盖面积约占 3/4。水是宝贵的自然资源，是人类生活、动植物生长和工农业生产不可缺少的物质。水是一切生命体的组成物质，是生命发生、发育和繁衍的源泉。水是生物体新陈代谢的一种介质，生物体从外界环境中吸收养分，通过水将各种养分物质输送到机体的各个部分，又通过水将代谢产物排出机体之外，因此水是联系生物体的营养过程和代谢过程的纽带，水参与了一系列的生理生化反应，维持着生命的活力。水还对生物体起着散发热量、调节体温的作用。水是人体中含量最多的一种物质，约占体重的 2/3[16]。（图 2-9）

图 2-9　水——生命之泉

生产和生活用水，基本上都是淡水。地球上淡水量仅占总水量的 2.7%。随着社会的发展和人们生活水平的提高，生产和生活用水量在不断上升。人类年用水量已达 4 万亿 m³，全球有 60% 的陆地面积淡水供应不足。联合国早在 1977 年就向全世界发出警告：水源不久将成为继石油危机之后的另一个更为严重的全球性危机。近年来多种渠道的报道都在告诫我们人类正面临水源危机。据估计，全球对水的需求，每 20 年将增加一倍，但水的供应却不会以这种速度增加。目前拥有世界人口 40% 的约 80 个国家正面临水源不足，农业、工业和人民的健康受到威胁的局面。人类不但需水量大，且随着工农业的迅速发展和人口增长，排放的废污水量也急剧增加，使许多江、河、湖、水库，甚至地下水等都遭受不同程度的污染，使水质下降。而水质的优劣直接关系到工农业生产能否正常进行，关系到水生生物能否生长，更关系到人体健康与否，因此，水质的优劣极为重要。

天然水是成分复杂的流体。一般来说，天然水中所含的多种杂质大致可归纳为三类：悬浮物、胶体及溶解物质。溶解物质大致呈离子状态，也包含一些溶解的气体。实际上，人类在各项生活、生产活动过程中都要消耗大量的淡水，且随着生产的发展和物质生活水平的提高，淡水消耗量和废污水排放量都在日益增长，这更加剧了淡水的供需矛盾。如何更有效地利用现有的淡水，防止水源污染和进一步扩大淡水水源，已经成为一个世界性的亟待解决的社会问题[17]。

1）雨水

雨水是天然的蒸馏水，但它仍含有 O_2、N_2、CO 和尘埃等。

　　SO_2 和 CO_2 在大气中的含量虽然不大，但由于它们在水中的溶解度比大气的主要成分 O_2 和 N_2 的溶解度大许多，所以当大气中这些气体污染程度大时，常使大气降水的水质受到很大影响。例如，通过含高浓度 SO_2 大气的雨水的 pH 值降到 4.4~5.5，因为酸雨的酸碱度缓冲性很小，所以只要水中溶解有少量酸性物质，便会使水具有较强的酸性。

　　大气降水中还有一些会因地区不同而变化的组分，如近海地区的降水中含有硫酸根，在接近居民区和工业中心地区的降水中还含有硫化氢（H_2S）、硫酸、烟气等。雨水由于收集困难，所以很少作为工业用水的水源。

　　2）地下水

　　地下水主要是由雨水和地表水渗入地下而形成的。（图 2-10）

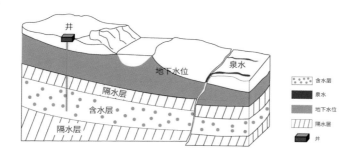

图 2-10　地下水示意图

　　地下水常因流经不同的地质构层而溶入了各种可溶性矿物质，如钙、镁、铁的硫酸盐及碳酸氢盐等，其含量的多少取决于其流经的地质中矿物质的成分、接触的时间和流过的距离等，其含盐量一般为 100~5 000 $mg \cdot dm^{-3}$。一般来说，地下水硬度较大，为 2~10 $mmol \cdot dm^{-3}$，也有高达 10~25 $mmol \cdot dm^{-3}$，甚至更高的。但由于水在含水层中流过时，地质层起了过滤的作用，所以它是比较清澈透明的，很少含有悬浮物和细菌，因此略经处理后即可作为生活用水及要求不高的工业用水。

　　3）地表水

　　当降水到达地面后，它与地面上动植物、土壤、岩石等相接触，会发生一系列物理和化学作用，从而使水中杂质量大为增加，而且，由于各地区的地理条件、地质组分和生活活动等情况不同，当水与这些环境接触之后，就会形成各种类型的天然水。地表水（如江水、河水、湖水）中常含有黏土、砂、水草、腐殖质、溶解性气体、钙镁盐类及细菌等。其中含杂质的情况由于所处的自然条件不同及受外界因素影响不同而有很大的差别。特别是我国幅员辽阔，河流纵横，不同的河流所含杂质是很不相同的，即使是同一条河流，所含杂质也常因上游和下游、夏季和冬季、雨天和晴天而不同。我国江河水的含盐量通常为 70~990 mg · dm^{-3}，硬度为 1.0~8.0 mmol · dm^{-3}，与其他国家相比，算是较低的。我国东部江河水的含盐量和硬度从南向北逐渐增加，而东北松花江流域地面水的含盐量和硬度又较低。

我国河水浑浊度因地区不同而相差很大。华东、中南和西南地区因土质、气候条件较好，草木丛生，水土流失较少，河水浑浊度低，悬浮物年平均浓度在 100~400 mg · dm^{-3} 之间。而华北和西北地区（特别是黄土地区）的河流，则浑浊度高，且随季节变化的幅度也大，其中突出的是黄河，冬季河水悬浮物浓度只有每立方分米几十毫克，夏季悬浮物浓度可达每立方分米几万毫克，遇洪峰时甚至可达每立方分米几十万毫克。大多数湖水不流动，这对沉降悬浮物有利，所以其浑浊度较小，且因季节的不同而引起的水质变化也较小。在不与江河相连的闭塞湖中，湖水连续蒸发能引起盐类积聚，致使湖水含盐量增加，甚至成为盐湖。我国的青海湖就是盐湖。夏季，藻类迅速繁殖，大量原生生物生长，使湖水带色，当藻类死亡时，有机物分解产物增加，致使湖水中产生 H$_2$S 等有害物质。

4）海水

海水是一种阴离子和阳离子的浓度大约为 1.1 mol · dm^{-3} 的溶液，海水的 pH 值为 7.5~8.4。海水中含有不同数量的无机和有机悬浮物、藻类及微生物，所以它是一个具有复杂组成的液体体系。海水中所含的溶解盐类（总溶解固体浓度约为 34 500 mg · dm^{-3}）足以使它在 20 ℃时的密度达到 1.024 3 g · cm^{-3}，与纯水比起来，这是相当大了。

海水占地球总水量的 97% 以上。其含盐量极高，必须进行淡化后才能作为工业用水。同时，海水又是化学工业极重要的原料来源。

2.3.2 水污染的来源

水污染主要指由于人类的各种活动排放的污染物进入河流、湖泊、海洋或地下水等水体中，使水和水体的物理、化学性质发生变化而降低了水体的使用价值。水污染会严重危害人体健康。据世界卫生组织报道，全世界 75% 左右的疾病与水有关。常见的伤寒、霍乱、胃炎、痢疾和传染性肝炎等疾病的发生与传播都和直接饮用受污染的水有关。（图 2-11）

图 2-11 水污染

水污染有两类，一类是自然污染，另一类是人为污染，而后者是主要的。自然污染是主要由自然因素造成的污染，如特殊地质条件使某些或某种化学元素大量富集，天然植物在腐烂过程中产生某种毒物，以及降雨淋洗大气和地面后挟带各种物质流入水体，都会影响一个地区的水质。人为污染是人类生活和生产活动中产生的废污水对水体的污染，包括生活污水、工业废水、农田排水和矿山排水等。此外，废渣和垃圾倾倒在水中或岸边，或堆积在土地上，经降雨淋洗流入水体，也会造成污染。（图 2-12）

图 2-12 工业废水污染水资源

水体中污染物的种类很多，一般包括无机污染物、有毒有机物、重金属、石油类污染物、植物营养物、需氧污染物、致病微生物、放射性物质、热污染等。

（1）无机污染物。无机污染物包括无机无毒和无机有毒物，主要为各种酸、碱、盐等，尤其是含氰、砷、镉、汞的化合物，主要来自工农业生产中所排放的废水及酸性气体。过量的无机污染物进入各种水体后会改变水的 pH 值，影响微生物的正常生长，破坏水体的生态平衡。砷、汞等毒性污染物还能在水生生物体内蓄积，通过食物链危害人体健康。

实例： 在欧洲曾经发生过这样一件事：有一家镀锌厂的经理选择了一个幽静的地方给他的老父亲盖了一幢别墅。说来奇怪，没过几年，住在这别墅里的人都得了一种怪病。他们关节变形，肌肉萎缩，骨骼疼痛难忍，常常发生自然骨折。接着一个个都在凄惨的叫痛声中死去。开始还以为有人下毒，请来法医鉴别。经过尸体解剖，发现死者身上有几十处骨折。法医判定这是一种典型的重金属镉中毒症状，是由于长期摄入金属镉所致。可是附近又没有工厂，哪有什么镉污染呢？经过一番调查才知道，这个别墅的地点正是 300 年前一个锌矿的所在地。当年炼锌时，只取走了锌，而把大量与锌共生的镉留了下来。镉慢慢地污染了地下水，人若饮用了这种含镉的水，镉在人体内的积聚作用会导致人的肾功能障碍，钙的代谢损害，骨质损伤。这和日本富山县的"骨痛病"的症状完全一样。

（2）致病微生物。致病微生物主要来自畜禽养殖场、食品企业和制革企业排出的废水，以及生活污水等，含有各种细菌、病毒和寄生虫，进入水体后常会引起各种传染病。

（3）植物营养物。植物营养物是指含氮（N）、磷（P）、硫（S）、钾（K）等营养元素的物质，它们能够大大促进植物生长，但是过多的营养物质进入天然水体，特别是在湖泊、水库、河口、海湾等水流缓慢的水域区，营养物停留时间长，使得藻类及其他浮游生物迅速繁殖，从而大量消耗水中的溶解氧，造成水体严重缺氧，以致水下的鱼类和其他生物大量死亡与腐烂，并使水质不断恶化。这种由于营养物过多而使藻类和浮游生物大量生长的现象，称为水体的富营养化。它也是水体遭受污染的一种严重形式。

植物营养物主要来自农田施肥、农业废弃物、生活污水以及食品、化肥工业所排出的废水，主要污染物有硝酸盐、亚硝酸盐、铵盐和磷酸盐等。其中，N、P 等元素在水中大量积累会造成水体富营养化，使藻类大量繁殖，导致水质恶化。

（4）需氧污染物。需氧污染物主要来自生活污水，畜禽养殖、屠宰和加工业废水，以及食品、制革、造纸、印染等工业废水，主要成分包括碳水化合物、蛋白质、油脂、木质素、纤维素等。它们在水体中经微生物的作用而降解，其过程需要消耗大量的溶解氧，并产生 H_2S、NH_3（氨气）等气体，使水质恶化。

（5）有毒有机物。有毒有机物绝大多数属于人工合成的有机物质，如滴滴涕（DDT）、六六六等有机氯农药，醛、酮、酚，多卤联苯，芳香族氨基化合物，染料等，其中有机氯化合物和稠环有机化合物危害极大，它们主要来自石化工业生产所排出的废水。

有毒有机物的性质大多比较稳定，不易被氧化、水解，也难于生化分解，可长期存在于水体之中，并在水生生物体内蓄积，如通过水体中生物食物链的富集作用，多氯联苯在鱼类体内的浓度可累积到几万甚至几十万倍，通过食物进入人体后会引起皮肤、神经、肝脏等方面的疾病，破坏钙代谢，损坏骨骼、牙齿。长期饮用受酚类物质污染的水源，可引起头昏、出疹、瘙痒、贫血和各种神经系统疾病。进入人体的稠环芳烃还具有慢性致癌和致遗传变异的潜在危险。

（6）石油类污染物。近年来石油对水体的污染也十分严重，特别是在海湾及近海水域。石油类污染物主要是各种烃类化合物，如烷烃、环烷烃、芳香烃等。在石油的开采、炼制、贮运、使用过程中，原油和各种石油制品进入环境而造成污染，其中包括通过河流排入海洋的废油、船舶排放和事故溢油、海底油田泄漏和井喷事故等等。当前，石油对海洋的污染已成为世界性的环境问题。1991 年发生的海湾战争，人为地使大量原油从科威特的艾哈迈迪油港流入波斯湾，这是最大的一次石油污染海洋事件，它带来难以估量的恶果。

在石油开采、储运、炼制和使用过程中排出的废油和含油废水，以及石油化工、机械制造行业排放的含油废水等进入海洋等水域后，对水体质量有很大影响，这不仅是因为石油中的各种成分都有一定的毒性，还因为它具有破坏生物正常的生活环境、造成生物机能障碍的物理作用。油比水轻且不溶于水，因此这些油类污染物进入水体后会在水面形成油膜，使大气与水体隔绝，破坏正常的复氧条件，从而降低水体的自净能力。同时，油膜会阻碍水的蒸发，影响大气和水体的热交换，改变水面的光反射率，减少进入水体表层的日光辐射，对局部地区的水文气象产生一定的影响，还会严重危害水生生物，降低水产品的食用价值，给渔业带来较大危害。此外，油膜会降低海滨环境的使用价值，破坏海岸设施。如油膜会堵塞鱼的鳃部，使鱼呼吸困难，甚至引起鱼类死亡。若以含油的污水灌田，也会因油膜黏附在农作物上而使其枯死。

（7）重金属。重金属主要来自各类有色金属的开采和冶炼过程以及化工、农药、医药等工业产生的废水，主要包括汞、镉、铬、铅等。重金属在水体中较稳定，可通过沉淀、络合、吸附和氧化还原等作用在各种形态之间发生相互转化，并在水生生物体内及底泥中发生富集。重金属不能被微生物降解，通过食物链进入人体后会与蛋白质和酶等生物大分子发生相互作用，使它们失去活性，也可能累积在人体的某些器官中，造成慢性中毒。

（8）放射性物质。铀等放射性矿物在开采、提炼、纯化、浓缩过程产生的废水，磷矿石（含有少量铀和钍），核电站泄漏及核武器试验等都可能产生放射性污染。其中，水体中最危险的放射性物质有锶-90、铯-132 等，这些物质的半衰期长，化学性质与人体中的钙和钾相似，经水和食物进入人体后，会在一定部位积累，引起遗传变异或癌症。

（9）热污染。热污染主要来源于工矿企业向水体中排放的冷却水，其中以电力工业企业为主，其次是冶金、化工、石油、造纸、建材和机械等工业的企业。热污染使水体温度升高，加快水体中的化学反应速度，使有毒物质对生物的毒性增强。此外，水温升高一方面会降低一些水生生物的繁殖率，另一方面又会使一些藻类繁殖增快，加速水体的富营养化，破坏水体的生态平衡，降低水体的使用价值。（图 2-13）

图 2-13　热污染

2.3.3　绿色化学在水污染方面的应用

要避免水体污染，首先应在污染源头上采取预防措施，减少乃至禁止含污染物的废水进入水体。工业企业要不断提高生产技术和管理水平，积极开发和应用绿色工艺，采用循环用水系统，提高工业用水的复用率，减少工业废水的排放量；同时要加强污染源的监测和管理，不断提高废水处理的技术装备水平，严格按照工业废水的排放标准排放工业废水，生活污水与工业废水应分别进行收集，并分别进行集中处理，以防止产生新的污染。

水绝不是"取之不尽，用之不竭"的资源，各级政府应采用多种形式，加强大众科普宣传和教育，增强全民节约水资源、保护水资源的意识，使广大民众自觉保护水资源。

在工业生产、化学实验、城市居民生活、农业生产过程中会产生大量的对环境有害的污水，绿色化学技术作为一种高效率、低能耗的技术可以有效降解或滤除污水中的污染物，避免将污染物排放到外界河流等区域[6]。

绿色化学技术治理水污染的效果良好，绿色化学技术在水污染治理中主要有以下三点具体措施。

第一，零排污水处理技术。此技术主要用于处理工业废水和城市生活废水，通过在始端、中间、终端三个过程中进行绿色化学控制，最终能够实现"零排放"。例如循环冷却水零排污技术、热水锅炉零排污技术、蒸汽锅炉零排污技术、机械蒸汽再压缩循环蒸发技术等，能够循环利用液体形态转化的热能，通过水汽蒸发实现污染物的分离，有效地处理水污染，实现低排放甚至零排放。

第二，实验室废水处理技术。绿色化学技术能够通过有效手段将实验室废水中的有毒有害物质分离出来，利用一系列化学反应将其转化为无害物质，达到排放标准。为了应对实验室废水的多样性，绿色化学技术开发了多种净水方法，例如混凝沉淀法、半透膜法、反渗透法等，在实践中会针对废水的具体组成选择合适的处理方法。

第三，分离技术。工业废水中蕴含着大量危害河流水质的污染性物质，如重金属、酸碱盐或者放射性物质，这些物质融入河流，对植被、周边居民以及水中生物存在极大的危害。通过绿色化学技术可以将工业废水中的污染性物质分离出来，在实现资源二次利用的同时也可以降低废水对环境的污染。传统的污染治理技术研究水平较低，难以高质量地提炼出废水中的污染性物质，或者处理过程需要消耗大量的资金，导致企业难以负担治理成本，这也导致企业往往为了经济效益而忽略对污水的治理工作。随着绿色化学技术研究的不断深入，当前处理工业废水的技术研究已经取得一定成效。一方面，企业可以使用更加清洁环保的材料取代以往的高污染性材料，降低工业废水的产出数量和治理难度，降低污染治理成本。另一方面，企业可以通过绿色化学技术研究的相关材料或设备更快地实现对重金属、酸碱盐或者放射性物质的处理，在提升资源利用率的同时降低对环境的污染。绿色化学技术可以实现对废水中污染物的高效滤除，也可以通过反应将其中的资源分离出来进行二次利用，还可以通过其他技术手段提升应用效果[2]。

实例：大多数国家对生活饮用水采用氯气(Cl_2)消毒。氯气在溶水后的几秒钟内可生成次氯酸，次氯酸由于分子体积小，不带电荷，易穿透细胞壁，具有较强的氧化作用，可使细菌发生致死性损害而成为很好的消毒杀菌试剂。同时次氯酸可损坏细胞膜，使蛋白质、核糖核酸（RNA）、脱氧核糖核酸（DNA）等物质释出，并影响多酶系统，氧化破坏磷酸葡萄糖脱氢酶。自1974年以来人们逐渐认识到在氯化消毒后的饮用水中，几乎普遍存在卤代烃类物质。据上海地区检测，饮水中有70多种氯代有机物，其中90%为氯仿。四氯化碳、氯仿均有致癌作用。有机物严重污染的水经氯化消毒后，往往具有致癌突变作用。在不久的将来，世界环保组织将全面禁止在自来水中加氯[18]。目前欧美发达国家正采用二氧化氯来处理饮用水，二氧化氯常温下呈黄绿色，有与氯气相似的刺激性气味，氧化能力是氯气的2.63倍。同时，在造纸行业，过氧化氢和臭氧已逐渐取代氯气。日本也在缺水地区用臭氧处理污水后用作非饮用水（中水）而循环使用。我国目前瓶装饮用水普遍采用臭氧杀菌净化。游泳池过去消毒加氯气，时下用臭氧消毒已很普遍，其处理效果已被公认。我国的亚运村英东游泳馆和广州天河游泳馆也采用臭氧消毒，池水清澈透明，彻底解决了氯气消毒刺激眼睛、皮肤并使头发变黄的难题。

2.4　绿色化学与固体废弃物污染

2.4.1　固体废弃物

　　固体废弃物污染是现阶段环境治理的主要问题之一，依据《中华人民共和国固体废物污染环境防治法》(简称《固体废物污染环境防治法》)，固体废弃物即固体废物，俗称垃圾，是指"在人类生产、生活和其他活动中产生的丧失原有利用价值或虽未丧失利用价值但被抛弃或放弃的固态、半固态和置于容器中的气态物品、物质以及法律、行政法规规定纳入固体废物管理的物品、物质"，可以分为生活固体废弃物、工业固体废弃物以及高危固体废弃物三种[19]。目前，人们已逐渐意识到固体废弃物是可开发的"再生资源"，认为固体废弃物是被放错了地点的资源。如果不能切实有效地解决固体废弃物的污染问题，人们的生存环境将会越来越恶化，危及人们的生命安全。所以，我们一定要高度重视固体废弃物污染，并积极提出具体治理办法和措施，以改善国民的生存环境[20]。(图 2-14)

图 2-14　固体废弃物

2.4.2　固体废弃物对环境的污染

固体废弃物的来源非常广泛，但主要来源于人类的生产和消费活动。在人类的日常生产和消费活动中会产生各种各样的固体废物，如冶金矿渣、电厂粉煤灰、化工废料，以及日常生活垃圾、电子垃圾、建筑垃圾、矿山垃圾等。

固体废弃物污染现状分为以下几方面。

1）水污染现状

世界上一些国家把未经安全处置的固体废弃物直接倾倒于溪流、江海湖泊之中。虽然我国陆续出台了一些关于固体废弃物安全处置的法规，但依然有很多地方存在倾倒固体废弃物至溪流、江海湖泊之中的违法违规现象。所造成的直接危害是这些被倾倒的固体废弃物中的有毒物质逐渐污染溪流、江海湖泊，导致水源中大量动植物死亡；长远危害则是与人们生活息息相关的水源被大面积污染，严重危及人们的生命安全[21]。（图2-15）

图2-15　固体废弃物直接倾倒于河流中

2）土壤污染现状

现阶段国内城镇化建设高速发展，可种植农作物的土地显得尤为珍贵。但有部分未经安全处置的固体废弃物被掩埋在土壤中，其中的毒性物质会逐渐改变土壤营养及结构，直接造成重金属污染。从这样的土壤中种植出来的农作物，一旦作为食物被人体吸收，将会严重损害人们的身体健康以及生命安全。（图2-16）

图 2-16　土壤污染

3）大气污染现状

国内一些中小型化工企业以及私营作坊主不能严格遵守《固体废物污染环境防治法》的规定，任意堆放不经安全处置的固体废弃物，导致这些固体废弃物裸露在空气中，经过长时间的温度和湿度作用，最终形成了有毒气体，严重污染大气层。还有一些可漂浮扩散的粉末类固体废弃物，不间断地传播、发散出去，也是目前雾霾形成的原因之一。长此以往，固体废弃物对动植物以及建筑都会有所腐蚀侵害，并严重影响空气质量和人们的生存环境[22]。（图 2-17）

图 2-17　雾霾

4）城市生活垃圾现状

随着国内人民生活水平的不断提升，产生了大量的生活垃圾。我国又是国际上最大的塑料生产和消费国家之一。很多生活日用品包装袋以及餐饮行业使用的塑料餐具等，在使用后被大量丢弃在城市露天角落中，甚至是城市水体中以及游玩景区中。这些固体废弃物没有经过专门的处置和安放，不但影响了城市的市容，而且由于其不能够被降解，最终会导致生态环境日趋恶化，其造成的污染被称为"白色污染"。对白色污染物的处理方法有很多，其中燃烧法、熔融法和降解法都已实现了工业化的生产。这些方法对环境还是会产生污染，因此开发绿色化学产品——可生物降解塑料则是人们追求的目标[23]。（图2-18）

图2-18　白色污染

世界上每年产生的垃圾大部分来自西方经济发达国家，其中美国是产生垃圾最多的国家。西方发达国家往往打着可重复利用物资的幌子，向发展中国家倾销有害废料。例如，每年有数百万只废弃汽车电池从欧洲、北美洲出口到巴西、菲律宾等地，当地的回收加工厂仅靠一些简陋的设备对其中的铅重新熔炼回收，工人的健康和生态环境都受到严重损害。出售的所谓金属，实际上掺杂着许多废弃物，其中的有效成分含量很低。

堆放的垃圾若不及时清除，必然污染空气，损害环境，且会滋生蚊蝇等害虫，危害人体健康。垃圾对土壤、水体和大气均会造成严重的污染。垃圾中的化学污染物和生物病原体（如致病菌和寄生虫）会污染农田和土壤。人食用受污染土壤上生长的蔬菜、瓜果等就会感染肠道传染病、寄生虫病等疾病。垃圾经过雨水淋沥，流入河流或渗入地下，将使地表水和地下水受到污染。若将垃圾直接倒入河、湖、海，会使水面到处漂浮着塑料制品、废瓶和杂物等，不仅有碍观瞻，还会导致生态平衡被破坏。垃圾中有机物的腐败分解产生恶臭，细颗粒随风飘扬，会污染大气和环境；而焚烧处理时的烟尘也会污染大气。因此，对垃圾不做及时的、正确的处理，会严重污染环境。随着自然资源的不断开发和利用、人口的增长以及人均消费水平的提高，世界各国的垃圾以高于其经济增长速度 2~3 倍的平均速度增长，垃圾已成为人类日常生活中越来越严重的环境问题，对生态文明建设有着严重的影响。

2.4.3　绿色化学在固体废弃物污染方面的应用

在经济迅猛发展的背景下，人们的生活水平日益提升，伴随而来的是越来越多的垃圾污染物。当前常见的固体垃圾污染主要包括城市垃圾污染、白色污染以及矿山污染等。

国内目前处理城市垃圾主要采用两种方法，一是填埋，二是焚烧，这两种方法都不能做到完全无害化处理，只能做到部分无害化。填埋处理是通过挖坑将部分可以降解的垃圾填入地下，通过土壤中微生物的长期处理达到降解的目的，这一处理方式周期极长、资金投入多而且无法处理全部类型的垃圾，其处理效果相对较差。焚烧处理则是将城市生活产生的垃圾聚集起来，统一点燃焚烧，这种方法处理垃圾的效率极高，但是过程中会产生大量的有毒有害气体，会对环境产生严重的污染，违背了治理环境污染的初衷，后续反而需要消耗更多的资源对所造成的空气污染进行治理。环境治理工作人员可以通过绿色化学技术对城市垃圾进行处理，常用的有电离气化技术。通过这一技术可以在低成本消耗的情况下实现对垃圾的绿色环保处理，避免在过程中产生二次污染问题。

固体废弃物电离气化技术可以彻底处理各种含大量有机质的废弃物，如医疗废弃物，化工、制药行业生产的有毒有机物，废塑料，废轮胎，废汽车垃圾，污水污泥等，可以处理含水率高达 55% 的垃圾。对有害废弃物，特别是医疗、化工、制药废弃物中的有毒物质，其净化率达 100%。由于高温、缺氧，不产生二噁英，产生的废气中含 SO_2、H_2S、NO_x 极少，废气总量仅相当于常规焚化炉的 1/10 ~ 1/8，易于彻底处理。非有机物被熔化，只产生少量固态熔渣，因此完全没有二次污染。最终产物为燃料气，可进行再利用[24]。

实例： 利用固体废弃物电离气化技术处理 1 kg 垃圾，耗电量为 0.54 kW·h，其产生的可燃气体，如用于发电，其发电量为 1.03 kW·h，超过耗电量一倍，可抵消运行费用；造价比常规焚化炉还低 20%～50%，占地面积省一半，建设周期短。因此，固体废弃物电离气化技术是代替焚化炉的既先进又经济的废弃物处理技术。

白色污染物是城市垃圾中的一种重要类型，是一次性使用后没有经过科学收集与处理的一切塑料废弃物，主要有塑料袋、餐盒、农用地膜等一次性废弃材料，这类污染物在土壤中自然降解的速度极慢，大量堆积后会严重污染环境，甚至对周边动物的健康成长产生严重威胁。通过焚烧法可以对塑料袋等白色污染物进行快速处理，但是过程中会产生大量污染空气的物质。针对白色污染问题，可以通过绿色化学技术研究容易降解的环保塑料袋、餐盒或者利用纸盒、纸袋取代塑料制品，也可以通过技术研究获取可以快速降解塑料的绿色化学产品，提升白色污染的治理效率。（图 2-19）

图 2-19　可降解的塑料袋

2020 年 1 月 16 日，国家发展和改革委员会（简称国家发展改革委）、生态环境部印发《关于进一步加强塑料污染治理的意见》（以下简称《意见》），被称为"史上最强限塑令"。《意见》规定，"到 2020 年底，全国范围餐饮行业禁止使用不可降解一次性塑料吸管"。这一条规定又被业内称为"禁管令"。

半年后，在《意见》基础上，2020 年 7 月 10 日，国家发展改革委、生态环境部、工业和信息化部等九部门联合印发《关于扎实推进塑料污染治理工作的通知》（以下简称《通知》），要求各地结合实际，明确餐饮行业禁限塑的具体监管部门并加强监督管理，引导督促相关企业做好产品替代并按照《意见》规定期限停止使用一次性塑料吸管和一次性塑料餐具。

　　实例： 餐饮行业掀起了轰轰烈烈的"减塑运动"，将塑料吸管更换为纸质吸管、将塑料包装袋换成纸袋，并开始使用木质的勺子、刀叉。我国许多快餐店，如麦当劳、星巴克、食其家、华莱士等，都把塑料吸管更换成可降解的纸质吸管，把外卖塑料袋更换成可降解的环保塑料袋，这样有利于环境保护。

　　矿山废弃物主要是矿山开采过程中产生的大量废矿堆积物，例如无用的尾矿以及矿石等，对环境产生了较大的污染，这些废弃物相对而言具有一定的价值，可以将其作为资源进行再次利用。例如，石矿采掘过程中产生的碎石可以用于铺路或工程建设。金矿等一些矿山在生产过程中会产生较多的污染物质，技术人员可对其进行技术优化，选择更环保的绿色化学技术，如无氰化金矿处理技术等，使其产生污染物的概率和数量达到环保标准的要求。

参考文献

[1]　陈景文，唐亚文. 化学与社会[M]. 南京：南京大学出版社，2014.

[2]　尚慧慧. 环境污染治理中绿色化学技术的应用[J]. 化工设计通讯，2019，45（9）：236，238.

[3]　陈秀敏. 浅谈环境污染治理中绿色化学技术的应用[J]. 智能城市，2016，2（7）：300.

[4]　丛丽娜. 绿色化学在环境保护中的作用探讨[J]. 环境保护与循环经济，2014，34（6）：41-43.

[5]　唐有祺，王夔. 化学与社会[M]. 北京：高等教育出版社，1997.

[6]　吕雅楠. 绿色化学技术在环境污染治理与保护中的应用[J]. 化工设计通讯，2020，46（11）：39-40.

[7]　王建东. 环境污染治理中绿色化学技术的应用探究[J]. 世界有色金属，2019（10）：270，272.

[8]　王显政. 能源革命和经济发展新常态下中国煤炭工业发展的战略思考[J]. 中国煤炭，2015（4）：5-8.

[9] 林晓晖，张保淑. 洁净煤技术开辟黑色能源绿色发展之路[N]. 中国矿业报，2018-08-21（3）.

[10] 张本镔，刘运权，叶跃元. 活性炭制备及其活化机理研究进展[J]. 现代化工，2014，34（3）：34-39.

[11] IOANNIDOU O, ZABANIOTOU A. Agricultural residues as precursors for activated carbon production—a review[J]. Renewable & sustainable energy reviews, 2007, 11（9）: 1966-2005.

[12] 李艳鹰. 生物质活性炭负载零价铁纳米晶簇直接催化还原 NO[J]. 化工学报，2019，70（3）：1111-1119.

[13] 郭晓娜. 氮掺杂活性炭材料的制备及性能研究[D]. 贵阳：贵州大学，2016.

[14] 王维竹，刘勇军，范武波，等. 活性炭纤维改性表面官能团脱硫作用[J]. 化工新型材料，2014，42（4）：182-184.

[15] 杨丽娟. 生物质活性炭的制备及应用发展研究[J]. 黑龙江科学，2018，9（18）：44-45.

[16] 钟平，余小春. 化学与人类[M]. 杭州：浙江大学出版社，2005.

[17] 吴旦. 化学与现代社会[M]. 北京：科学出版社，2002.

[18] 张凤莲. 环境保护的新理念——绿色化学[J]. 阴山学刊（自然科学版），2003（2）：10-12.

[19] 郎文博，张家铜. 我国固体废弃物污染的现状及治理[J]. 山东工业技术，2019（6）：60.

[20] 谭文博. 浅谈我国固体废弃物污染的现状及治理[J]. 资源节约与环保，2019（7）：84.

[21] 沈才萍. 我国固体废物处理的现状与发展对策[J]. 建筑工程技术与设计，2018，14（18）：5066.

[22] 孙跃跃，汪云甲. 农村固体废弃物处理现状及对策分析[J]. 农业环境与发展，2007，24（4）：88-90.

[23] 刘斌. 绿色化学技术在环境污染治理中的应用[J]. 广州化工，2009，37（8）：

185-187.

[24] 蒋悦. 绿色技术及其在垃圾处理中的应用[J]. 成都纺织高等专科学校学报，2006，23（4）: 31-33.

 第3章 绿色化学与能源

人类的一切活动都离不开能源，而能源的开发与利用、储存与转换以及能源使用对环境的影响等，都与化学有密切关系。能源开发在很大程度上依赖于化学技术，如何高效利用能源，如何开发和利用可再生能源，怎样才能最大限度地减少环境污染，这些问题引起了人们极大的关注。

3.1 能源

3.1.1 能源的发展史

能源、材料和信息被称为人类社会发展的三大支柱。所谓能源是指提供能量的自然资源。人类的一切活动都离不开能源。人类的文明始于火的使用，燃烧现象是人类最早的化学实践之一，燃烧把化学与能源紧密地联系在一起。人类巧妙地利用化学变化过程中所伴随的能量变化，创造了光辉灿烂的物质文明。从人类社会发展的历史进程中可以看到能源品种不断开发、不断更替。根据各个历史阶段所使用的主要能源，能源的发展史可以分为柴草时期、煤炭时期和石油时期[1]。

1. 柴草时期

火的使用推动了人类文明的发展。从火的发现到 18 世纪产业革命之前，树枝杂草一直是人类使用的主要能源。柴草不仅能烧烤食物、驱寒取暖，还被用来烧制陶器

和冶炼金属。

陶器是人类利用火制造出来的第一种自然界不存在的材料，世界古文明发源地都在新石器时代中后期出现过陶器。把自然界中的黏土加水调和，揉捏成一定形状的泥坯，晾干后用柴火烧烤，使黏土中部分成分发生化学变化，冷却后即成为质地坚硬的陶器。中国的制陶技术经过几千年的发展演变后出现的瓷器，至今仍受到人们的青睐。随着制陶技术的进步，瓷器烧制技术逐渐发展起来，中国的瓷器世界闻名。制陶技术的成熟也为金属冶炼和铸造技术的发展提供了条件。

金属冶炼技术的发展史中铜走在了最前面。翠绿色的孔雀石和深蓝色的蓝铜矿是铜的两种常见矿石，它们的主要成分是碱式碳酸铜。金属铜的熔点比较低，是1 083 ℃（铁的熔点是 1 537 ℃）。在陶制容器中用木炭可将碱式碳酸铜还原成金属铜，然后铸成各种形状的器皿和用具。考古学已证实在公元前 3000 年，亚、非、欧洲的广大国家和地区已普遍掌握用木炭炼铜的技术。随着金属冶炼技术的发展，炼铁业也发展起来，铁器的出现使人类文明上升到一个新的阶段。金属材料的出现加速了人类文明的进程。

现代能源中煤炭、石油、天然气的重要性不言而喻，但柴草作为生活能源却从未间断过，在不少发展中国家，农牧民的生活用具至今仍以柴灶为主。在世界处于能源危机的背景下，这种最古老的能源品种以它的容易再生而再度受到关注。可以说人类是在利用柴火的过程中，产生了支配自然的能力而成为万物之灵的。

2. 煤炭时期

煤炭的开采始于 13 世纪，而大规模开采并使其成为世界的主要能源则是 18 世纪中叶的事。1765 年，瓦特改良蒸汽机，煤炭作为蒸汽机的动力之源受到关注。第一次产业革命期间，冶金工业、机械工业、交通运输业、化学工业等的发展，使煤炭的需求量与日俱增，直至 20 世纪 40 年代末，在世界能源消费中煤炭仍占首位。煤是发热量很高的一种固体燃料。它的主要成分是 C，还有一定量的 H 和少量的 O、N、S 和 P 等。煤是既含有机物也含无机物的复杂混合物。煤可以直接当燃料使用，但从物尽其用的角度来看，应多提倡煤的综合利用。例如煤经过干馏（在隔绝空气的条件下加强热），可以分别得到焦炭、煤焦油和焦炉气。焦炭可以供炼铁用；从煤焦油中可提取苯、萘、酚等多种化工原料；从焦炉气中可提取一定量的化工原料，它也可直接作为气体燃料，其污染性远低于直接烧煤。

煤炭的开发和利用推动了金属冶炼技术的发展。工业革命后 100 多年，生产力的发展促进了人类近代社会的进步。

3. 石油时期

第二次世界大战之后，在美国、中东、北非等国家和地区相继发现了大油田及伴生的天然气，每吨原油产生的热量比每吨煤高一倍。由石油炼制得到的汽油、柴油等是汽车、飞机用的内燃机的燃料。世界各国纷纷投资石油的勘探和炼制，新技术和新工艺不断涌现，石油产品的成本大幅降低，发达国家的石油消费量猛增。到 20 世纪 60 年初期，在世界能源消费统计表里，石油和天然气的消耗比例开始超过煤炭而居首位。

世界能源消耗的增长速度是相当快的，煤的消耗比例下降，石油和天然气、水电和核电的消耗比例都呈增长趋势。目前世界实际上是处于多种能源互补的局面。煤和石油资源在地球上的分布是不均匀的，我国的煤炭资源比较丰富，石油资源则比较贫乏。20 世纪 60 年代初我国发现大庆油田后，能源结构大为改观，但现在我国是石油净进口国，随着工农业的发展，供需矛盾将日益严峻[2]。

3.1.2　能源的种类

能源品种繁多，根据不同的分类标准，能源可分为不同类型。对能源主要有以下六种分类方法。

（1）按照来源，能源可分为三种。① 来自地球外部天体的能源，主要是太阳能，除直接辐射外，还为风能、水能、生物质能等能源的产生提供了条件。人类所需能量的绝大部分直接或间接地来自太阳，各种植物通过光合作用把太阳能转变成化学能，并贮存于植物体内。煤、石油、天然气等化石燃料是由埋在地下的古代动植物经过漫长的地质年代而形成的，实质上就是古生物固定下来的太阳能。② 地球本身蕴藏的能量，通常指与地球内部的热能有关的能源，如地热能等。温泉和火山喷发就是地热能的表现。③ 地球和其他天体相互作用所产生的能量，如潮汐能。

（2）按照性质，能源可分为燃料型能源和非燃料型能源（如水能、海洋能等）两大类。人类最早所用的薪柴及现在所用的煤、石油、天然气、泥炭等化石燃料就是燃料型能源，如图 3-1 所示。当前化石燃料的消耗量很大，而地球储量却有限，现正在开发和利用太阳能、地热能、风能等新能源，这些能源就属于非燃料型能源。

图 3-1　燃料型能源

（3）按能源的转换过程，能源可分为一次能源和二次能源两大类。前者直接来自自然界，是可以不改变其基本形式就能直接利用的天然能源，如各种化石燃料及水能、太阳能、风能等，其中煤炭、石油和天然气三种能源是一次能源的核心，是目前全球能源的基础；后者指由一次能源直接或间接转换而成的能源产品，如电力（火电、水电、核电、太阳能发电、潮汐发电等）、煤气、蒸汽、各种石油制品（汽油、柴油等）、焦炭和沼气等。一次能源又可分为可再生能源和不可再生能源。凡是可以不断得到补充或通过天然作用或人工活动在较短周期内能够再生和更新，从而为人类反复利用的能源称为可再生能源，反之称为不可再生能源。可再生能源是取之不尽、用之不竭的，是解决人类未来能源问题的根本途径。（图 3-2）

（4）按能源的形态特征或转换与应用的层次，世界能源委员会（WEC）推荐的能源类型为固体燃料、液体燃料、气体燃料、水能、电能、太阳能、生物质能、风能、核能、海洋能和地热能。

图 3-2 绿色可再生能源

（5）根据能源利用技术的成熟程度，能源可分为常规能源和新型能源。前者是指利用技术成熟、使用比较普遍的能源，包括一次能源中可再生的水力能源和不可再生的化石能源等。目前尚未被大规模利用、正在积极开发或有待推广的各种形式的能源则称为新型能源，又称非常规能源，包括太阳能、风能、地热能、海洋能、生物质能、氢能和可燃冰等，在不同的历史时期和科技水平下，新型能源往往具有不同的内容。

（6）根据能源消耗后是否造成环境污染，能源可分为污染型能源和清洁型能源（俗称绿色能源），前者如煤炭、石油、天然气等，后者如水能、电能、太阳能、风能以及核能等。

3.1.3　绿色化学在能源方面的应用

以煤、石油和天然气为代表的各种能源是大自然赐予人类的慷慨礼物，为人类的生存和发展做出了巨大的贡献。但能源尤其是化石能源的大量使用，给人类赖以生存的环境造成了日益严重的污染。大量污染物的排放使生态环境长时间难以恢复，直接影响了人体健康和生活质量，呼唤碧水蓝天已成为现代人的一个美好愿望和追求。据统计，全世界每年燃烧化石能源会向大气中排放 63 亿吨碳、7 070 万吨硫和 2 820 万吨氮，导致酸雨和全球气候变暖，严重影响大气环境。开发和利用清洁能源和可再生能源，呵护我们的生态环境，已经成为全球经济可持续发展的战略性问题。

绿色化学，也被称为环境友好化学、清洁化学。绿色化学技术是通过研究化学从而减少其对环境所造成的不良影响，从技术层面减少化学材料中的污染因素的一门技术。从根本上看，绿色化学技术把化学知识、化学技术和化学方法应用于所有化学品，以减少自身的污染因素，从而提供更加环保安全的化学产品，以替代目前社会中那些高污染的化学产品。绿色化学的理念就是杜绝有毒有害的化学物质，从原料的生产到使用的全过程都要做到无害化处理，对于其所产生的废弃物要进行合理的处理和排放，避免一切有害物质对人类生活造成危害[3]。所以，为应对能源使用对环境产生的负面影响，应采用绿色化学技术开发可再生的新能源（如太阳能、水能、海洋能、风能、生物质能、潮汐能）来减少和消除能源使用对环境的污染。

3.2 绿色化学与石油

3.2.1 石油

石油有"工业的血液""黑色的黄金"等美誉。自 20 世纪 50 年代开始，在世界能源消费结构中，石油跃居首位。石油产品的种类已达几千种。石油是国家现代化建设的战略物资，许多国际争端都与石油资源有关。现代生活中的衣、食、住、行都直接或间接地与石油产品有关。

石油是由远古海洋或湖泊中的动植物遗体在地下经过漫长、复杂的变化而形成的棕黑色黏稠液体，其沸点从室温到 500 ℃以上。未经处理的石油叫原油，它分布很广，世界各大洲都有石油的开采和炼制。就目前查明的储量看，重要的含油带集中在北纬 20° 和 48° 之间。世界上两个最大的产油带，一个叫长科迪勒地带，北起美国阿拉斯加和加拿大，经美国西海岸到南美委内瑞拉、阿根廷；另一个叫特提斯地带，从地中海经中东到印度尼西亚。这两个地带在地质变化过程中都曾是海槽，因此有"海相成油"学说。

石油的组成元素主要是 C 和 H，也有 O、N 和 S 等。石油中所含化合物种类繁多，因此石油必须经过多步炼制才能使用，主要过程有分馏、裂化、重整、精制等。

在石油炼制过程中，沸点最低的 C_1 至 C_4 部分是气态烃，来自分馏塔的废气和裂化炉气，统称石油气。其中有不饱和烃（包括烯烃和炔烃），也有饱和烃。烯烃（如乙烯、丙烯、丁烯）有双键，容易发生加成反应和聚合反应，所以是宝贵的化工原料。如乙烯以 O_2 为催化剂在 150 ℃、20 MPa 条件下可制得高压聚乙烯，日常生活中用的食品袋、食品匣、奶瓶等就是用这种材料成型制得的。若用四氯化钛（$TiCl_4$）做催化剂，则可在 100 ℃、常压下制得强度较高的低压聚乙烯，它可用于制造脸盆、水桶等器皿。乙烯也可以用银做催化剂，在 250 ℃、常压条件下生成环氧乙烷，它是制造环氧树脂的原料之一。乙烯在高锰酸钾（$KMnO_4$）催化下可加水生成乙二醇，它是制造涤纶的原料之一。乙烯在 H_2SO_4 催化下加水可生成乙醇，乙烯和氯化氢（HCl）可加成为氯乙烷，乙烯和 Cl_2 可生成二氯乙烷，等等。

众多乙烯产品广泛用于工农业、交通、军事等领域，因此乙烯是现代石油化学工业的龙头产品，是一个国家综合国力的标志之一。

丙烯可以制造聚丙烯塑料、聚丙烯腈纤维（人造羊毛）、甘油等。丁烯经过氧化脱氢变成丁二烯，然后可以聚合生成顺丁橡胶，它的弹性很好，适合做轮胎。丁二烯和苯乙烯共聚可以制造丁苯橡胶，这是人造橡胶中用量最大的品种，具有热稳定性好、耐磨、耐光、抗老化等优点，它的分子链节两端带有苯环。

与石油有关的另一种能源材料是液化石油气。液化石油气是指在环境温度和压力适当的情况下能液化或以液相贮存和输送的石油气体，目前已普遍地作为民用和车用燃料。有一种打火机使用的也是液化石油气，只不过是单一的 C_4，这是因为 C_4 液化所需的压力不高，打火机就不必做成耐高压的容器。

实例：当你搬入新居后，在管道燃气一时不能接通的情况下，也许你会使用液化石油气进行过渡。液化石油气罐曾被称作压缩煤气罐。其实罐内所装的并非被压缩了的煤气，而是被压缩后成为液体的气态烃类化合物的混合物，主要成分为 C_3（丙烷）和 C_4（丁烷）。液化石油气有比管道燃气（主要成分为 CO 和 H_2）更高的燃烧热值，当你从液化石油气转到管道燃气时，必须更换燃具或对燃具进行改装。（图 3-3）

图 3-3　液化石油气

虽然液化石油气使用很方便，但罐内气体用完后，必须及时更换气罐才能继续使用。有时会遇到尴尬的局面，例如你炒菜尚未完成，罐内气体似已用完。眼睁睁地看着火焰一点点地小下去，真急死人，因为此时换气已经来不及了。然而人们有临时解决问题的方法。他们会大力地摇晃气罐，或者在气罐上浇一点热水，甚至在气罐上敷一块热毛巾。照此操作后，你可以看到火焰立刻大起来，就可把菜炒完再去换气罐。

3.2.2　石油污染的危害

石油污染会对生态环境产生严重影响，破坏生态系统平衡，对人体健康产生一定影响。石油污染主要体现在土壤污染、水体污染以及空气污染三个方面。石油进入土壤后，会导致土壤理化性质发生变化（包括堵塞土壤孔隙结构，降低土壤透水性），还会与土壤内的无机氮、磷结合，以及对硝化、脱磷酸作用进行限制，影响土壤有机质的碳氮比与碳磷比，破坏土壤微生物的生存环境，限制土壤微生物的正常生长与繁殖。石油污染会导致土壤的含水率显著下降，导致土壤持水和供水能力不足，这在干旱、半干旱地区对作物的生长是极为不利的。研究显示，石油污染使土壤的有效态氮和有效态磷的含量均呈显著下降趋势，引起土壤有机碳含量显著增加，导致土壤碳氮比严重失调，影响微生物的生长与繁殖，使得微生物群落结构和区系发生一系列变化，破坏土壤微生态环境[4-6]。如果石油渗入地下水中或者被雨水携带进入地表水系，将会产生用水安全风险，并影响植物的正常生长。此外，石油会向空气中挥发、转移以及扩散，降低空气质量，对人体健康与后代繁衍产生危害。石油污染产生的危害非常大，不仅涉及面广，而且治理困难，必须对其进行详细分析，并采取可靠的措施进行治理[7]。

3.2.3　绿色化学在石油方面的应用

近年来，随着经济的快速发展，石油污染问题越来越严重，成为制约可持续发展的焦点问题，越来越多的国家加快了开发绿色可再生能源的步伐。其中，生物燃料乙醇具有平稳替代、可再生、环境友好、促进现代化发展的优势，成为替代已有能源的潜在选择。2017 年 9 月 13 日，国家发展改革委、国家能源局等 15 部门联合印发《关于扩大生物燃料乙醇生产和推广使用车用乙醇汽油的实施方案》，指出以生物燃料乙醇为代表的生物能源是国家战略性新兴产业，并明确到 2020 年要在全国范围内推广使用车用乙醇汽油，基本实现全覆盖。同年我国汽油的消费量达 1.22 亿吨，这对生物燃料乙醇的生产能力提出了新的要求。2020 年车用乙醇汽油基本实现全覆盖，乙醇汽油含氧量达 35%，燃烧更加充分，可以减少废气排放，从而可以减小对环境的危害。

机动车尾气排放是造成我国环境污染的罪魁祸首之一，乙醇汽油可有效减少机动车尾气排放，使碳烃排放量下降 16.2%，一氧化碳排放量下降 30%，对减少大气污染非常有效。石油是不可再生能源，我国使用的石油 70% 以上是进口的，对外部的依赖程度非常高，如果发生意外，将会严重影响国家的能源安全，而燃料乙醇属可再生能源，其生产资源丰富，技术成熟，推广使用乙醇汽油可以降低国家对外部石油的依赖程度，削弱外部因素对国家能源安全的影响，而且绿色环保；车用乙醇汽油还有很多优点，比如辛烷值高，抗爆性好，能够适应较高的压缩比，不容易爆震。乙醇含氧量高，所以燃烧特性好。使用乙醇汽油的车辆，油路比较清洁，发动机积炭较少。（图 3-4）

图 3-4　乙醇汽油

实例： 国家发展改革委、国家能源局等联合印发《关于扩大生物燃料乙醇生产和推广使用车用乙醇汽油的实施方案》以后，我国各大城市积极响应政策，推广使用乙醇汽油，各大加油站纷纷更换了乙醇汽油。

3.3　绿色化学与化学能源

3.3.1　化学能源

能源是人类社会发展的重要物质基础，随着人类社会的进步和人们生活水平的提高，不仅能源的消耗量急剧增加，而且能源提供能量的方式更加多样化。当今五大能量来源——煤炭、石油、天然气、水力和核能都是一次能源，由于资源的限制，它们总有一天会枯竭。有人估计石油还可用 37 年，天然气还可用 51 年，烟煤（以 50% 的开采率）则能用 110 年[8]。因此努力开发多种形式的再生能源，是当代能源利用的一个重要特征。随着社会生产力水平的逐步提高，工业、居民生活对电力的需求迅速增长，人们除了利用煤炭、水力、核能来发电以外，还可以利用化学反应产生电能。电能是现代社会生活的必需品，也是最重要的二次能源，大部分煤炭和石油制品作为一次能源用于发电。煤或油在燃烧过程中释放能量，将水加热成蒸汽，推动电机发电[9]。煤的燃烧过程就是煤和氧气发生化学变化的过程，所以燃煤发电实质上是化学能→机械能→电能的过程，这个过程通常要靠火力发电厂的汽轮机和发电机来完成。把化学能直接转化为电能的装置统称化学电池或化学电源，如收音机、手电筒、照相机中用的干电池，汽车发动机中用的蓄电池，钟表中用的纽扣电池等，它们都是小巧玲珑、携带方便的日常用品。化学电源的特点在于能量转化效率高，理论上可达 100%。以燃料电池为例，实际效率在 60% 以上，在考虑能量综合利用时，实际效率高于 80%。而火力发电属于间接发电，能量转化环节多，而且受热机卡诺循环的限制，效率很低，有 60%~70% 的热量白白浪费掉。

化学电源主要有一次电池、二次电池、高能电池、钠硫电池以及燃料电池等，目前一些新型化学电源（如储能电池、光电化学电池和导电高聚物电池）也备受瞩目。（图 3-5）

1. 一次电池

一次电池即放电后不能通过充电使电池反应体系复原的电池，也称为原电池。

常用的一次电池有锌锰干电池、锌汞电池、镁锰干电池等。

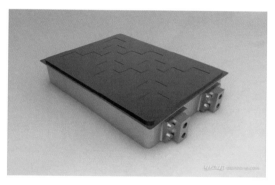

图 3-5　各种电池

2. 二次电池

人们在对电池带来的方便感到满意之余，更希望能有可以不报废而一直使用下去的电池，以免经常更换新电池。电池能否在电量用完之后再生呢？从理论上讲，在一定条件下，很多化学反应都是可逆的，这意味着在电池的电量用完之后，应该可以用充电的方式让电池再生。然而实际上并非如此。这种复原不仅是化学体系的复原，还是电极物理状态的复原，即原先是一块板状的电极，复原之后仍然是一块板，而不是粉末。

人们终于找到了一些十分理想的材料制成了可再生的电池，称之为充电电池，如图 3-6 所示。这种电池在电量用完之后，可以以充电的方式复原，于是可以再次使用，所以这种电池也被称为二次电池。

图3-6　充电电池

3. 燃料电池

　　燃料电池是一种将储存在燃料（氢气（H_2）、天然气、煤气、生物质气、烃类、醇类等含氢燃料）和氧化剂中的化学能直接转化成电能的电化学装置。当源源不断地从外部供给燃料和氧化剂时，燃料电池就可以连续发电。因没有任何机械和热的中间媒介，燃料电池的效率不受卡诺循环限制，转化效率可达40%~60%，甚至达90%以上。此外，燃料电池比功率高，洁净，既可以集中供电，也适合分散供电，是一种很有发展潜力的能源[10]。

　　从严格意义上讲，燃料电池属于一次电池，其与一般电池相同，也由正、负电极（负极为燃料电极，正极为氧化剂电极）及电解质组成，但不同的是一般电池的活性物质贮存于电池内部，用完后不能补充，因而限制了电池的容量，而燃料电池的活性物质是贮存在电池外的气体或液体，可源源不断地输入电池中。燃料电池的正、负电极本身不包含活性物质，仅是催化转化元件，因此燃料电池是将化学能转化为电能的能量转化装置。原则上只要反应物不断输入，反应产物不断排出，燃料电池就能连续发电。依据电解质的不同，燃料电池分为碱性燃料电池、磷酸燃料电池、熔融碳酸盐燃料电池、固体氧化物燃料电池及质子交换膜燃料电池等。

3.3.2 绿色化学在化学能源方面的应用

科学技术水平的不断提高，带动了我国各领域的繁荣发展，人们对能源、资源的需求量不断增加，环境问题、生态问题等渐渐出现在人们的视野中，对人类的生存及可持续发展构成了一定的威胁。人们的环境保护意识不断增强，对使用的电池提出了更高的要求，即其必须建立在节能、环保、无毒、无污染的使用标准上。

绿色化工是当今社会提倡的生产方式之一，其倡导的是从源头上杜绝污染的发生，改变传统的工业生产方式及生产流程，采用现代化的工业生产模式，秉持清洁生产的相关理念，掀起一场节约能源、保护环境的革命。绿色化工是一种全新的工业生产理念，其在生产过程中涉及技术、化学、物理、生物等众多的理论体系与技术应用方式[11]。同时，绿色化工也非常注重经济效益，鼓励企业用最少的资源创造出最多的经济效益。

随着我国城市化建设进程的不断加快，能源短缺、资源消耗量大已经成为制约我国社会经济发展的重要问题。并且我国单位产值能源消耗量是其他国家的 2 倍左右，能源问题已经十分突出。鉴于此，我国相关领域正在抓紧研究各种新技术、新材料，从节能减排、能源可再生等方面入手，为社会经济发展提供更多的绿色能源，为实现社会的可持续发展奠定良好的基础。举例来说，氢是一种高效、节能、可再生的二次能源，其在使用过程中发生的电化学反应过程也比较容易控制，再加上其对环境无污染，正逐渐被应用到各领域的建设过程中[12]。

新型绿色环保电池在应用过程中具有无毒害、无污染、高性能等特点，其对环境十分友好，正作为一种新型的产品被广泛应用于各领域。目前，市场上的新型绿色环保电池主要包括金属氢化物镍蓄电池、锂离子蓄电池、燃料电池及无汞碱性锌锰原电池等[13]。此外，目前应用十分广泛的太阳能电池也是一种绿色环保型的新能源电池。可以说，新能源电池已经在国防、交通、化工等众多领域得到十分广泛的应用，给人们的生活、工作、生产等带来了巨大便利。

1）金属氢化物镍蓄电池

金属氢化物镍蓄电池是一种常见的新能源电池，通常被安装于电动车上，其在工作过程中产生的电压一般为 1.2 V。金属氢化物镍蓄电池的负极活性物使用的是无毒无害的稀土合金及钛镍合金贮氢材料，这类新材料不会对人体、环境等产生任何害处[14]。而过去使用的镍蓄电池的负极活性物一般为镉，这种物质可能会致癌。因此，金属氢化物镍蓄电池的使用范围正不断扩大。此外，金属氢化物镍蓄电池相比于传统的镍蓄电池比能量大许多，能够产生更多的电能。

２）锂离子蓄电池

锂离子蓄电池也是一种使用非常普遍的电池，最常用于手机等电子设备中。它是一种二次电池，能够多次充电和反复使用。在锂离子蓄电池的工作过程中，锂离子在电池的正极与负极之间来回移动；在放电过程中，锂离子也能够在正、负电极之间来回移动，不断嵌入与脱嵌；而在充电过程中，锂离子从正极脱嵌，通过电解质移动到负极，发生嵌入反应。锂离子蓄电池是高性能电池的代表，其工作电压一般为3.6 V，一个锂离子蓄电池相当于三个金属氢化物镍蓄电池同时使用[15]。

３）燃料电池

燃料电池在工作过程中通过一定的方式使燃料中的能量释放出来，并进一步转化为电能，它也是市场上常见的一种新能源电池。在燃料电池的工作过程中，需要不断地供给燃料及氧化剂等反应物质。在一般情况下，选择氢气或含有氢元素的原料作为燃料，选择氧气作为氧化剂。燃料电池在使用过程中具有节能环保、能量转化率高、容量大、比能量高、功率高、不用充电等优势。不过使用燃料电池需要投入大量的成本，因此，燃料电池目前应用最多的是飞船、国防、潜艇及灯塔等领域。实际上在电动车的研发中，燃料电池也是非常理想的动力源之一。

４）太阳能电池

太阳能电池也是社会发展过程中一种常见的电能动力源。太阳能电池在工作过程中利用半导体硅、硒等作为原材料，通过特定的方式使其发生光电效应，将接收到的太阳能转化为电能，最终应用到实际的生产、生活中。相比于其他新能源电池，太阳能电池在使用过程中主要具有以下优势：太阳能电池在使用过程中不需要燃料，其使用的太阳能几乎是取之不尽的；太阳能电池在工作过程中产生的噪声非常小，不会对环境造成任何污染，能量转化率非常高；太阳能电池的维护工作非常方便。在这种情况下，太阳能电池被广泛地应用于国防、航空航天、工业、农业、通信及公共设施等众多领域中，特别是在比较偏远的山村地区，电力系统不完善，构建输电线路需要花费大量的资金，而采用太阳能电池具有很好的经济效益。此外，太阳能电池在使用过程中比功率比较高，能够产生大量的电能，与其相关的大容量电容器也相继问世，为电力行业的发展奠定了良好的基础。

实例： 随着我国生态文明建设的大力推进，节能环保已经成为各行业发展的主题。汽车行业是产生能源消耗和造成环境污染的主要行业之一，绿色经济发展理念的提出给我国汽车行业带来了变革，新能源汽车的推出是汽车行业改革的重要成果。我国是人口大国，随着人们生活水平的提升，汽车作为重要的代步工具，已经成为家庭生活的重要支出。新能源汽车出行不受限制，给人们的日常生活和工作带来了很大的便利。（图 3-7）

图 3-7　新能源汽车

3.4　绿色化学与生物质能

3.4.1　生物质能

生物质是地球上最广泛存在的物质，包括所有的动物、植物和微生物，以及由这些生命物质派生、排泄和代谢的物质[16]。生物质通常包括木材及森林工业废弃物、农业废弃物、水生植物、油料植物、城市和工业有机废弃物及动物粪便等[17]。生物质能一直是人类赖以生存的可再生能源，是仅次于煤炭、石油和天然气而居于世界能源消费总量第 4 位的能源，在整个能源系统中占有重要地位[18]。

生物质能蕴藏在动物、植物、微生物体内，它是由太阳能转化而来的，可以说是现代的、可以再生的"化石燃料"，它可以是固态、液态或气态的。稻草、劈柴、秸秆等农业废弃物是古老的传统燃料。但这样的燃料直接燃烧时，热量利用率很低，仅为 15% 左右，并且对环境有较大的污染。目前把生物质能作为新能源来考虑，将农业废弃物转化为可燃的液态或气态化合物，即把生物质能转化为化学能，然后再利用燃烧放热。可以采用发酵或高温热分解等方法，将农牧业废料、高产作物（如甘蔗、高粱、甘薯等）、速生树木（如赤杨、刺槐、桉树等）转化为甲醇、乙醇等干净的液体燃料。这类生物质在密闭容器内经高温干馏也可以生成 CO、H_2、CH_4 等可燃性气体，这些气体可用来发电。生物质还可以在厌氧条件下生成沼气，这种气化虽然效率不高，但综合效益很好。沼气的主要成分是 CH_4，作为燃料不仅热值高而且干净，沼渣、沼液是优质速效肥料，同时又处理了各种有机垃圾，清洁了环境。把生物质转化为可燃性液体或气体是使古老的能源焕发青春的重要途径。根据我国的研究现状，面向 21 世纪开发的生物质能主要有以下三种。

（1）燃料酒精。燃料酒精又称变性燃料。根据燃油中酒精含量的多少，燃烧酒精可分为替代燃料（添加高比例乙醇的汽油醇）和燃料添加剂两种。燃料酒精做添加剂可起到增氧和抗爆作用，以替代有致癌作用的甲基叔丁基醚。燃料酒精的原料乙醇可由糖类、淀粉、木质素等生物质资源制取。

（2）生物制氢。氢是主要的工业原料，也是未来最理想的能源，氢燃料电池被世界公认为是今后燃料电池的主导。生物制氢过程可在常温常压下进行，且不需要消耗很多能量。生物制氢过程不仅对环境友好，还开辟了一条利用再生资源的新途径。已见报道的生物制氢方法有：利用藻类或者青蓝菌的生物光解法；有机化合物的光合细菌光分解法；有机化合物的发酵制氢；光合细菌和发酵细菌的耦合法；酶法制氢；等等。

（3）生物柴油。生物柴油来自植物油和动物脂肪。其对环境友好，大气污染小，尤其是硫含量低，是一种优良的清洁可再生燃料。生物柴油大规模生产的挑战性在于油和脂肪的来源有限，且原料成本占生物柴油成本的 60%~75%。（图 3-8）

图 3-8　生物柴油

3.4.2　绿色化学在生物质能方面的应用

能源和环境和谐发展是社会进步的必然趋势，构建清洁低碳且安全高效的能源体系是新时代削弱负环境效应和发展能源的重要措施。为实现我国提出的"碳中和"承诺，须采取节能减排、植树造林及使用可再生能源等措施，减少或抵消碳排放。生物质不仅是一种重要的可再生资源，而且是一种碳中性的载体。因此，创新、高效、绿色、经济地开发生物质资源，对生态文明建设具有非常重要且不可替代的推动作用。

目前，对生物质的利用主要借鉴石油及煤等成熟产业，采用热解、气化、发酵等技术进行能源化高效利用，多以碳原子利用率为重要考量指标。

随着全球经济的发展，世界范围内的能源需求量日益增加，然而化石能源（煤、石油、天然气等）的储量却逐渐减少，加利福尼亚大学的尼迈尔（Niemeier）根据1999—2008 年的市场数据建立分析模型，推测出已探明储量石油将于 2041 年枯竭，加上未探明储量石油，乐观估计也将于 2054 年消耗殆尽[19]。因此，为满足社会发展对能源的需求，开发和利用可再生资源势在必行。

生物燃料是指由生物质原料制取的燃料，是可再生能源开发与利用的重要方向，其中生物柴油作为一种重要的生物燃料引起世人关注。生物柴油指以植物、动物油脂等可再生生物资源生产的可用于压燃式发动机的清洁替代燃油。从化学成分上讲，生物柴油是一系列长链脂肪酸甲酯、乙酯等，其分子质量接近柴油，在燃烧特性上与柴油的各项指标非常接近，是一种可以替代柴油的环境友好的燃料，有"绿色柴油"之称[20]。

与传统的化石燃料相比，生物柴油具有以下优点。

（1）可再生性：生物柴油是一种可再生能源，其资源不像石油、煤炭那样会枯竭。

（2）优良的环保特性：生物柴油不含硫、铅、卤素等有害物质，燃烧时排出的有害气体比普通柴油大大减少；生物柴油不含芳香族烷烃，废气对人体的损害小于普通柴油；生物柴油的可降解性明显优于普通柴油。

（3）良好的燃烧性能：生物柴油的关键指标十六烷值高于普通柴油，抗爆性能优于普通柴油。

（4）较好的低温发动机启动性能：无添加剂时，冷凝点达-20 ℃。

（5）较好的润滑性能：生物柴油中的长链脂肪酸酯是喷射系统极好的润滑剂，使用生物柴油可降低喷油泵、发动机缸体和连杆的磨损率，延长其使用寿命。

（6）较好的安全性能：由于闪点高，生物柴油不属于危险品，在运输、储存、使用方面非常安全。

（7）可调和性：生物柴油可按一定比例与普通柴油调和使用，能够降低油耗、提高动力性，并减少尾气污染。

（8）无须改动柴油机，可直接添加使用，同时无须另添设加油设备、储存设备。

迅速升温的生物柴油投资热使生产过程中副产的甘油出现过剩。在生产生物柴油（如脂肪酸甲酯）时，甘油作为副产物在酯交换反应中大量生成，粗略计算每生产9 kg 生物柴油就有 1 kg 甘油粗产品生成。大量的生物柴油副产物甘油经精炼后流入甘油市场，导致甘油价格急剧下降，迫使许多传统的甘油生产企业停产关闭，如美国陶氏化学（Dow Chemical）公司已于 2006 年 1 月底关闭了在美国得克萨斯州自由港（Freeport）的甘油生产装置，宝洁化学公司在英国西苏洛克（West Thurrock）的天然甘油生产厂也于 2006 年 3 月底停产[21]。现如今甘油的出路问题已成为制约生物柴油产业发展的瓶颈，因此为甘油寻找新的利用途径已引起全球的普遍关注。以甘油为原料生产高附加值的化工产品，既可解决生物柴油生产副产的甘油过剩问题，又可提高甘油的利用价值，符合可持续发展战略、绿色化学以及市场经济的要求。

参考文献

[1]　钟平, 余小春. 化学与人类[M]. 杭州: 浙江大学出版社, 2005.

[2]　唐有祺, 王夔. 化学与社会[M]. 北京: 高等教育出版社, 1997.

[3]　武转玲. 绿色化学在生活中的应用[J]. 化工设计通讯, 2020, 46（10）: 177-178.

[4]　魏样. 土壤石油污染的危害及现状分析[J]. 中国资源综合利用, 2020, 38（4）: 120-122.

[5]　任芳菲. 石油污染土壤的理化性质和微生物群落功能多样性研究[D]. 哈尔滨: 东北林业大学, 2009.

[6]　王传远, 杨翠云, 孙志高, 等. 黄河三角洲生态区土壤石油污染及其与理化性质的关系[J]. 水土保持学报, 2010, 24（2）: 214-217.

[7]　冯进, 丁凌云, 张慢来. 离心式气液分离器流场的全三维数值模拟[J]. 长江大学学报（自科版）, 2006, 3（4）: 112-115, 142, 143.

[8]　吴旦. 化学与现代社会[M]. 北京: 科学出版社, 2002.

[9]　刘旦初. 化学与人类[M]. 3 版. 上海: 复旦大学出版社, 2007.

[10]　陈景文, 唐亚文. 化学与社会[M]. 南京: 南京大学出版社, 2014.

[11]　孙晓霞. 周恒辉: 新能源电池产业"供给侧改革"重在产业链整合[J]. 新材料产业, 2016, 26（4）: 21-22.

[12]　杨时巧. 试论绿色化学在新能源电池中的应用[J]. 科学技术创新, 2018（21）: 180-181.

[13]　桂雪峰, 许凯, 彭军, 等. 静电纺丝技术在新能源电池中应用的研究进展[J]. 广州化学, 2016, 41（1）: 59-65.

[14]　毛慧凤, 于喜军. 新能源汽车电池检测实验室建设研究与探讨[J]. 环境技术, 2015, 33（5）: 62-65.

[15] 徐宏宾. 绿色化学在新能源电池中的应用[J]. 现代工业经济和信息化, 2014, 4（13）: 26-27.

[16] 王振平. 开发生物质能　保护生态环境[J]. 济南教育学院学报, 2004（6）: 55-57.

[17] 陈益华, 李志红, 沈彤. 我国生物质能利用的现状及发展对策[J]. 农机化研究, 2006（1）: 25-27, 30.

[18] 方升佐, 万劲, 彭方仁. 木本生物质能源的发展现状和对策[J]. 生物质化学工程, 2006, 40（S1）: 95-102.

[19] MALYSHKINA N, NIEMEIER D. Future sustainability forecasting by exchange markets: basic theory and an application[J]. Environmental science & technology, 2010, 44（23）: 9134-9142.

[20] 张丽平. 基于非均相催化制备生物柴油的过程研究[D]. 上海: 华东理工大学, 2010.

[21] HESS G. President makes energy independence and science research prominent themes[J]. Chemical & engineering news, 2006, 84（6）: 7.

第4章 绿色化学与日用品

4.1 服饰

人们的生活离不开服饰（图4-1），俗话说，"人靠衣装马靠鞍"，可见衣着打扮对一个人的形象气质起到很重要的作用。一般来讲，穿衣的目的大致有四个：一是满足社交和礼仪上、审美以及标志识别上的需要；二是保护皮肤，避免灰尘和细菌的污染，吸收汗和脂肪；三是保护身体，防水、防火、防外力、防虫叮、防日晒等；四是调节体温，使身体机能得到正常发挥。

服装世界丰富多彩，制作服装的面料比以往任何时期都丰富，它们有的叫丝绸、呢绒、棉布，有的叫涤纶、绵纶、腈纶，还有的叫人造棉、乔其纱，等等，新产品也层出不穷。其实构成这些面料的都是一些叫作纤维的物质，因此，了解有关纤维的知识，可以帮助我们在琳琅满目、各式各样的纺织品面料中挑选适合自己的服饰面料，把自己打扮得既富有个性又端庄得体，既靓丽又利于健康。纤维通常分为天然纤维和人造纤维两大类。

4.1.1 天然纤维

天然纤维，主要是棉花、麻、羊毛以及蚕丝。这些材料是自然界奉献给人类的礼物，它们可以直接织成各种服饰供人使用。在人造纤维出现以前，它们一直是人类用来御寒、打扮的主要服饰材料。在崇尚"绿色产品"的今天，棉花、麻、羊毛以及蚕丝等天然纤维更有特殊的意义。按组成和结构，天然纤维可分为植物纤维（棉花、麻等）和动物纤维（羊毛、蚕丝等）两种。

图4-1　各种服饰

棉花和麻是植物纤维，其主要成分是纤维素。纤维素是自然界中分布最广的多糖，其基本结构单元是葡萄糖。纤维素分子有极长的链状结构，属于线形高分子化合物，纤维素分子的长链能依靠数目众多的氢键结合起来而形成纤维束。几个纤维束绞在一起形成绳束状结构，再定向排布就形成肉眼可见的纤维。由葡萄糖构成的纤维素强度比淀粉高得多，可以支撑植物。纤维素用浓硝酸和浓硫酸的混合液处理后，就得到硝酸纤维素酯，俗称硝化纤维。根据硝化程度的高低，硝化纤维又分为无烟火药、火棉胶（封装瓶口用）和赛璐珞制品（如乒乓球、照相底片基底等）的原料。（图4-2）

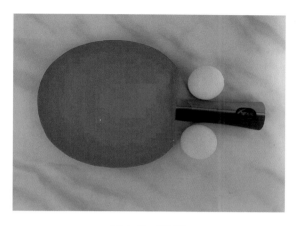

图 4-2　乒乓球

　　蚕丝和羊毛都属于动物纤维，它们的主要成分是蛋白质，通常称为蛋白质纤维，羊毛蛋白质中还含有硫元素，而蚕丝蛋白质中没有硫元素。凡是由蛋白质构成的纤维，弹性都比较好，织物不易产生褶皱，它们不怕酸的侵蚀，但碱对它们的腐蚀性很强。蚕丝的纤维细长，由蚕分泌液汁在空气中固化而成，通常一个蚕茧由一根丝缠绕，长 1 000~1 500 m。蚕丝是排列得很整齐的圆形纤维，它有美丽而明亮的丝光，质地轻薄柔软，比棉坚韧耐用，弹性比棉布好，吸湿性、透气性均佳，是理想的衣料。蚕丝的主要成分是丝素和丝胶（通常所说的蚕丝蛋白质指的就是丝素和丝胶），此外，蚕丝还含有少量的碳水化合物、蜡、色素和无机物。蚕丝蛋白质为角蛋白，不能被酵素消化，故无营养价值。蚕丝蛋白质经酸催化水解，可以制取混合氨基酸，再经分离，可得氨基酸。通常利用下脚丝制取氨基酸和多肽，用于化妆品的丝素肽、丝氨酸就是蚕丝水解的产品。丝素肽溶于水，可被皮肤作为营养成分吸收，它能抑制皮肤中酪氨酸酶的活性，从而控制皮肤中黑色素的形成，使皮肤保持洁白。羊毛中的蛋白质和人的头发、指甲中的蛋白质是相同的，它由两种组织构成：一种是含硫元素多的蛋白质，叫作细胞间质蛋白；另一种是含硫元素少的蛋白质，叫作纤维蛋白。后者在羊毛纤维中是排列成一条一条的，而前者则像梯子的横杆那样，把一条条的纤维蛋白连接起来，形成一个巨大的皮质细胞，它就是羊毛纤维的骨干和主体。羊毛纤维表面的皮质细胞是鳞片状的，很像鱼身上的鳞片，覆盖在内层的皮质细胞外面。它虽然又小又薄，却起着保护内层细胞的作用。在鳞片的外面还有胶和结实的角膜层，它们使羊毛耐磨、光滑、保暖。羊毛布料有适度的透气性和吸湿性，羊毛纤维的热塑性能比较好，毛料服装经过熨烫以后，可以长时间地保持平整[1]。

4.1.2　人造纤维

自然界中除了棉花、麻外，还存在大量天然的、不宜制作织物的纤维，它们就是我们熟知的木材、植物叶秆、竹子、芦苇等富含纤维素的物质。这些物质经过有目的的化学处理，能变为可纺织的长纤维，称之为人造纤维。人造纤维的出现大大改善和丰富了人们的衣着材料。可以说人造纤维是人类改造自然的一大杰作。按在加工中化学处理方法的特点，人造纤维可分为黏胶纤维、醋酸纤维和硝化纤维。

黏胶纤维是主要的人造纤维。黏胶纤维和棉花纤维（简称棉纤维）的化学组成一致，可以按照人们的需要加工成棉型短纤维（人造棉）、毛型短纤维（人造毛）和长丝纤维（人造丝）。如果黏胶纤维长丝按照棉纤维的长度切短后制成纺织品，它的长度和粗细都接近棉纤维，这种产品称为人造棉。它的特点是柔软，吸湿性和透气性好，穿着舒适，适于制作内衣。此外，人造棉染色性好，所以花色品种齐全，色彩十分鲜艳。人造棉的主要缺点是强度比棉布差，棉纤维是空心的，有比较强的韧性，黏胶纤维则是实心的棒状纤维，它比较硬而脆，缺乏韧性，容易折断。人造棉浸湿以后，强度会大大地下降，一般比平时的强度下降 50% 左右，新的人造棉布下水后，缩水率高达 10%，而且下水后变硬，很不好洗，这些缺点都和黏胶纤维内部的结构有关。黏胶纤维在制造过程中经多次化学处理，分子排列松散、零乱，分子间空隙较大；浸到水中后，水分子大量地钻入纤维的空隙中，使纤维膨胀，变粗一倍左右，于是人造棉就会发胀、变厚，摸起来很硬，非但不好洗，而且强度下降，纤维易受损伤。湿的人造棉晾干后会收缩，而且恢复原状的能力很差。为了克服人造棉的这些缺点，近年来在棉布整理技术上做了改进，用合成树脂等处理人造棉，制成所谓的富强纤维，以增强弹性，降低缩水性。此外，常采用黏胶纤维与棉纤维混纺，从而改善其性能。黏胶长丝可以纺成人造丝，人造丝外观很像蚕丝，具有轻盈滑爽、柔软精致的特点。

实例： 氨纶纱（莱卡）是长链的合成高聚物纤维，非常柔软。氨纶纱主要用于制作女士的塑身内衣，从 20 世纪 60 年代开始了它的繁荣期，一度引领"舒适、柔软的连体袜和其他内衣"的潮流。后来时兴用它做展现优美体型的男女泳装，再后来法国奥林匹克滑雪队穿上了用它制作的滑雪服。70 年代，自行车运动员的毛纺短裤上印上了"空气动力"氨纶纱短裤的商标，随后一些通用的纤维开始用于跳舞服、紧身衣和伸缩性牛仔衣。80 年代，氨纶纱引领着服装的新潮，专业和业余运动员都穿上了氨纶纱服装，以提高表演美感[2]。

4.2　洗涤剂

洗涤剂，是指以去污为目的设计配方的制品，其由必需的活性成分（活性组分）和辅助成分（辅助组分）构成。作为活性组分的是表面活性剂，作为辅助组分的有助剂、抗沉积剂、酶填充剂等，其作用是增强和提高洗涤剂的各种效能。合成洗涤剂是人类生活的必需品，包括洗衣粉、洗衣液、洗洁精、地毯清洗剂、医用消毒洁净剂和家具增光剂等固体或液体洗涤剂。随着社会经济的不断发展和人类生活水平的提高，无论是国内还是国外，洗涤剂的生产量和使用量都保持着逐年递增的态势。洗涤剂中含有表面活性剂等多种物质，其中的含磷物质能够有效吸附杂质颗粒，但它也会对人体造成不容忽视的伤害，对环境造成严重污染。降低洗涤剂在使用过程中对人们的危害，是每一个生产商乃至使用者应尽的义务。（图 4-3）

图 4-3　洗涤剂

4.2.1　洗涤剂对环境的影响

洗涤剂包括三种主要成分：表面活性剂、混合助剂和漂白剂。表面活性剂是洗涤剂的核心，所谓表面活性剂是指一类能降低液体表面张力的物质，其分子由非极性的、亲油的碳氢链和极性的亲水基团两部分构成，因此表面活性剂是具有亲水和亲油结构的两亲分子。目前我国广泛使用的表面活性剂是直链烷基苯磺酸钠（LAS），其中以十二烷基苯磺酸钠应用最广，其含量占合成洗涤剂的20%~30%，混合助剂以三聚磷酸钠为主，添加量达30%~50%。

4.2.2　绿色化学在洗涤剂方面的应用

表面活性剂是洗涤剂和化妆品中的核心成分，其生物降解性、降解产物的安全性以及对皮肤的刺激性直接关系到洗涤剂的使用性能。因此，应积极开发和使用性能温和、易生物降解、安全和生态友好的绿色表面活性剂。绿色表面活性剂可采用天然再生资源作为原料，在加工过程中尽可能采用绿色催化剂、溶剂和原子经济性反应，且最大限度地降低产品中有害物质的含量，以达到对人体刺激性小、环境相容性好的目的。

助剂本身去污能力较弱，但加入洗涤剂中可使洗涤剂的性能得到明显的改善，或使表面活性剂的使用量降低，也可称之为洗涤剂的强化剂或去污增强剂，是洗涤剂中不可缺少的组分。合成洗涤剂中助剂的主要功能是：①软化水，对洗涤液中的碱金属或其他重金属离子有螯合作用或离子交换作用，将上述离子封闭，使之失去作用；②起缓冲作用，即使有少量酸性物质存在，通过助剂的作用，也可使洗涤液的碱性不发生显著变化，仍然保持很强的去污作用；③起润湿、乳化、悬浮、分散等作用，使污垢在溶液中悬浮与分散，防止污染物再沉积。绿色助剂的研究主要集中于无磷助剂的研究，备受关注的是各种碳酸盐、硅酸盐、4A分子筛、有机螯合剂、离子交换剂等。20世纪30年代，合成洗涤剂中的主要助剂是碳酸钠和硅酸钠。碳酸钠和硅酸钠作为助剂的机理是它们可与水中的钙、镁离子反应生成沉淀，使水质得以软化。它们可使洗涤液保持碱性条件，使表面活性剂充分发挥去污作用。但由于碳酸钠和硅酸钠与钙、镁离子结合后生成不溶性沉淀，使织物纤维发硬，因而该类助剂用量过大时，溶液pH值过高，损伤织物和洗涤者的皮肤，这些缺陷限制了它们的进一步推广和应用。4A分子筛是人工合成的沸石，亦有被称为泡沸石的天然产品，4A分子筛具有如下特性：①白度高，加入洗涤剂中不影响洗涤剂的外观；②在硬水中钙离子交换速度快、交换容量大，可以迅速降低水的硬度，充分发挥活性成分的去污作用；③粒度小，在水中分散性能好，这样可以降低沸石在衣物上的附着量[3]。

酶是高分子质量的蛋白质，无毒，且能完全生物降解。早在 1915 年，人们就发现蛋白酶具有去污作用，但碱性蛋白酶应用于洗涤工业还是近几十年的事。加酶洗涤剂具有洗涤时间短、去污能力强、对血污有效等特点。洗涤剂用酶有碱性蛋白酶、淀粉酶、碱性纤维素酶、脂肪酶以及复合酶。

人们穿过的衣物上附着的污垢常见的有：①衣领、袖口等处人体分泌的皮脂类脂肪污垢；②血渍、奶渍、汗腺分泌物以及各种蛋白质食品等污垢；③淀粉类污垢；④经多次洗涤后的织物，被纤维素分子与水形成的凝胶所封闭的浸入棉纤维结构内部的污垢；⑤灰尘等污垢。这些污垢同时附着在衣物上，仅靠洗涤剂中的表面活性剂难以去除。污垢成分中脂肪类污垢约占 3/4，脂肪酶、蛋白酶和淀粉酶可有效地除去脂肪污垢、蛋白污垢和淀粉污垢。

在洗涤剂中加入蛋白酶，可使洗涤剂的去污能力显著增强，对那些难以除去的蛋白污垢效果特别突出。脂肪酶能水解油脂产生甘油二酯、甘油一酯和脂肪酸等物质，那么当脂肪酶作用于衣物上的污垢时必然可以使油污水解而脱落，达到去污的目的。常见的衣领、袖口处的污渍和汗渍通常很难洗净，而借助酶的作用则可有效地提高去除污渍的效果。

淀粉酶具有抗污染和抗沉积的功能，使洗后的衣物产生增白的效果，适用于中等碱性和低碱性的液体洗涤剂。

复合酶是多种酶的复合物，比单一品种酶的使用效果好，即复合酶可以产生协同增效效应。加入复合酶的洗涤剂产品的综合去污性能均优于加入单一酶的洗涤剂产品，并具有明显的抗再沉积性能。

还有一些能起特殊作用的酶，如低温用氧化还原酶或漂白系统用酶，它们具有抗染料转移或消毒杀菌的作用。这些酶在 30~60 ℃时能表现出最佳性能，并在低浓度下具有高的活性，因此可在低温洗涤条件下有效地去除衣物上的污垢而不致损伤织物。

为满足消费者对洗涤剂日益提高的要求，如杀菌、除渍、抗串色，低温、快速、高效，以及经济、环保等，酶制剂在洗涤剂中的应用将不断扩展，并朝着多元化、功能化的方向发展。酶已经从一般辅料发展成为与表面活性剂、助剂具有同等重要地位的关键组分，它可提高产品的质量和档次，增强产品的市场竞争力，是绿色洗涤用品的宠儿。因此，在洗涤剂中加入酶可提高去污力，降低表面活性剂及三聚磷酸盐的用量，有利于洗涤剂朝低磷、无磷及环境友好的方向发展。

4.3　化妆品

　　爱美是人类共同的天性，随着社会经济的不断发展，人们的物质生活水平不断提高，加之国际交流和社会交往日益频繁，人们越来越迫切地期望自己变得容貌俊俏，身体健美。当今世界，琳琅满目的化妆品已走进人们的生活，成为人们不可缺少的日用必需品。而清洁是美的基础和前提，所谓"天天洗脸，天天扫地"，"黎明即起，洒扫庭除"，都是与清洁和洗涤有关的。清晨起床后，人们要做的第一件事就是清洁自身和清洁环境，可见清洁用品也是我们生活中必不可少的。目前，化妆品已经变为一种必需品，就像做菜离不开盐一样，离开日用化学品的日子难以想象。（图4-4）

图4-4　化妆品

4.3.1　化妆品和人体健康

　　19世纪以前，化妆品和个人护理用品一直使用天然原料，如植物的汁、油，动物油脂，蜂蜡以及矿物质和植物颜料。随着化学工业在19世纪特别是20世纪的飞速发展，石油化学品和合成组分也应用到了化妆品工业中，而后者往往带有一些有害成分。

1. 重金属的影响

化妆品中的增白剂、生发剂、染发剂和化妆品中的颜料大多含有重金属成分。它们之中有不少是对人体有害的，如铅、铝、汞和砷等。人体摄入过量的铅会引起头痛、高血压、贫血、精神障碍等疾病。

实例："乐圣"贝多芬的验尸报告称他因铅中毒导致肝硬化而病故。后人认为，在贝多芬生前的时代，德国酿酒者常用铅盐粉末处理酒的酸味。贝多芬晚年贫病交加，苦于耳疾而常借酒浇愁，以致体内蓄积过量的铅而中毒致死。

人体摄入过量的砷可引发循环系统障碍，表现为血管损害，心脏功能受损，甚至使染色体变异，可致畸、致突变。砷中毒有明显的皮肤损害，会出现色素沉着，角化过度，有时可恶化为皮肤癌。

实例： 1814 年拿破仑被俘流放，后来死在一个荒岛上，20 世纪 50 年代，瑞典牙科医生弗西福化验了他的头发，结果发现拿破仑头发中的砷含量比常人多 40 倍，推测这个不可一世的君王可能死于砷中毒。

人体摄入过量的汞可使肾脏、脑细胞受损害，中枢神经系统发生障碍，特别是抑制生殖细胞的形成，影响年轻人的生育，可导致畸胎、死胎。增白化妆品是爱美人士使用量最大的一类化妆品，其"最有效"的美白成分是"汞"。以氯化汞、碘化汞等汞的化合物为增白剂的化妆品虽然可以在短期内使皮肤变得白皙透明，但代价是造成皮肤不可恢复的色素沉着，原因是汞的化合物干扰了皮肤中氨基酸类黑色素的正常酶转化。在其他一些美容产品中也经常用到汞的化合物，如氯化氨基汞因有快速美白祛斑的功效而被广泛应用于祛斑霜之类的化妆品的生产中。因此，有些国家规定，化妆品中不得配用汞及其化合物。在化妆品的颜料中也经常含有重金属。

对于生发剂，古代有砷能生发之说，至今尚存影响，所以某些生发剂中含砷。在某些化妆品中也可能含有一定量作为防腐剂的砷化物。而对于染发剂，常见的金属染发剂（如乌发乳），它们的原料是铅盐、银盐，少数是铋盐、铜盐，也对健康不利。

2. 有机物的影响

在化妆品中也含有一些有机物，它们对人体健康影响较大。如从石油或煤焦油中提炼制得的氢醌是一种强还原剂，它能抑制黑色素的产生，因而许多漂白霜、祛斑霜中就加入了氢醌。氢醌不仅对皮肤有较强的刺激作用，会引起皮肤过敏，而且会引起获得性褐黄病，这种病目前尚无好的治疗方法。各类化妆品中采用的色素、防腐剂、香料大都是有机化合物，这些物质对皮肤或多或少都有刺激作用，会引起皮肤色素沉积，引发接触性皮炎。唇膏的主要成分为羊毛脂、蜡和染料，唇膏中的染料一般也是有机化合物。常见的玫瑰红唇膏系油脂、蜡中掺入一种酸性曙红染料，它是一种非食用色素，可通过皮肤进入人体内而引起皮肤过敏。国外调查表明，有 9%的妇女使用唇膏后出现口唇干裂等症状。

4.3.2　绿色化妆品

安全、天然、环保、可持续的绿色化妆品是未来发展的一个重要趋势。选用纯天然植物为原料，尽量不用对皮肤有刺激性的色素、香精和防腐剂，以减少化学成分给人体带来的多种危害。

化妆品的绿色化主要体现在化妆品使用的原料、化妆品的制造工艺和化妆品的包装容器上。原料的绿色化是指尽可能地采用天然的提取物，如从大豆中可以提取出许多可用于化妆品的成分。

（1）大豆磷脂。它是大豆油生产过程中毛油水化脱胶时的副产物，是由卵磷脂、脑磷脂、磷脂肌醇和磷脂醇等成分组成的混合物，是具有全面生理功能的天然营养素，也是一种性能良好的天然离子型表面活性剂，并且具有胶体的性质。磷脂成分中的肌醇可以改善人的发根微循环，供给发根足够的营养，保发护发。磷脂可将肠毒化解并输送到体外，使体内保持清净，消除青春痘、雀斑、老年斑，让肌肤光滑柔润，被誉为"可食用化妆品"。大豆磷脂对人体皮肤有良好的保湿性和渗透性，具有抗氧化、抗静电、乳化分散、润湿、渗透保湿、软化润肤和柔发等多种功能。长期使用含大豆磷脂的化妆品，可改善皮肤营养，减少皮肤皱纹，增加皮肤光泽，使皮肤细嫩，并能消除皮肤色素沉着，减少和祛除老年斑，延缓皮肤衰老，还可促进毛发生长和减少白发，所以大豆磷脂是一种十分理想的天然优质化妆品原料。

（2）大豆肽。它具有易消化吸收、溶解度高、黏性低、保湿性和吸湿性强等特点，可作为保湿性添加剂用于各种化妆品中。如在洗发香波中，大豆肽可提高香波的发泡性，缓解香波的刺激性。大豆肽中含有丰富的人体必需氨基酸，因而加入护发品中可使毛发柔润、光滑，有助于毛发损伤的修复；加入护肤品中能使护肤品达到理想的保湿护肤效果。

（3）大豆中的维生素 E。添加了天然维生素 E 的化妆品，易被皮肤吸收，能促进皮肤的新陈代谢，防止色素沉积，改善皮肤弹性，具有美容、护肤、防衰老的特殊作用。

用生物技术代替有机合成以及低温配方工艺使化妆品制作工艺绿色化成为可能。

包装的绿色化主要指尽量采用可回收包装，可降解包装和低毒、无污染包装。

4.4 涂料

随着人们生活水平的不断提高，人们对居住环境的要求也逐渐提升，尤其是对室内环境的质量要求更为严格，加之人们环保意识的不断提升，建筑工程中常用的涂料也开始向着绿色环保的方向发展。同时，国家在政策方面限制有机性挥发溶剂涂料的使用，并扶持绿色建筑涂料的应用和发展。（图 4-5）

图 4-5 涂料

4.4.1 涂料分类

1. 木器涂料

（1）清油。凡成膜物质只含干性油或半干性油，不含树脂、纤维、沥青和颜料，且外观透明的液体涂料叫作清油，又称为鱼油或调漆油。清油中最普通的是我国特产的桐油。例如，加热桐油使其迅速升温至 240 ℃左右，熟化成熟桐油，保温半分钟后加入 2.05%的环烷酸钴、0.5%的环烷酸锰等催干剂，搅拌均匀，过滤，即得 Y00-7 清油成品。环烷酸盐等催干剂主要促进成膜物质迅速氧化、聚合（如桐油中的桐油酸含三个共轭双键，氧化、聚合时双键被打开），起催化作用。清油可作为直接接触木器表面的第一层涂料。清油较为稀薄，它能渗透到木材内部，起到防潮、防腐作用。它的缺点是硬度较小，不够光亮。

（2）生漆。生漆是天然漆，又名大漆、国漆、土漆、金漆等，是我国著名的特产之一，在国际上久负盛名。生漆是从漆树树干里流出来的天然树脂涂料。漆树是一种落叶乔木，分布在我国甘肃南部以及黄河以南地区，遍及我国 18 个省、自治区的 500 多个县。漆酚是生漆的主要成分，也是生漆的主要成膜物质。漆酚能够溶于植物油、矿物油及苯类、酮类、醚类、醇类等芳香烃、脂肪烃有机溶剂中，不溶于水，在生漆中的含量一般为 50%~70%。漆酚是多种不饱和脂肪烃和邻苯二酚衍生物的混合物，自然界中不存在只含某一组分的生漆。

（3）清漆。清漆分为两种，一种以油和树脂为成膜物质，叫油基清漆（或叫油基树脂清漆），另一种单独以树脂为成膜物质，叫树脂清漆。油基清漆用的油通常以桐油为主，辅以一定量的亚麻聚合油、梓油聚合油等。油基清漆用的树脂多为松香改性酚醛树脂（由松香酸与酚醛树脂加工而成）或醇酸树脂。制酚醛清漆用的溶剂多是挥发度适中的 200 号溶剂油（200 号汽油）、松节油、二甲苯等。催干剂仍用环烷酸钴、环烷酸锰等。油基清漆品种繁多，各有特点。如酚醛清漆涂刷在物体上干燥较快，涂膜坚硬而耐久、光泽好，并有耐热、耐水、耐弱酸弱碱的优点，缺点是涂膜容易发黄。它适用于室内外木器和金属面的涂饰。醇酸清漆的附着力、光泽度、耐久性比酚醛清漆好，它适用于喷、刷室内外金属和木器表面。树脂清漆的种类比油基清漆多得多，如丙烯酸清漆、聚酯清漆、聚乙烯树脂漆、甲基硅树脂漆、聚氨酯漆等。这种漆涂刷在物体表面上干燥得很快，漆膜坚硬、光亮，而且使用方便。但它的缺点是耐水性能较差，在阳光下曝晒会失去光泽，被热水浸烫会泛白。清漆用途较广，可直接涂饰物件（如家具），漆膜透明、光亮，可显露出物件表面原有的花纹，增强艺术美感；涂刷在其他漆膜上可起罩光和保护作用；亦可与其他油漆混合使用（如调配磁漆、调和漆等色漆）；也可做涂饰物件时的打底漆。

（4）色漆。色漆是用清油或清漆加颜料调制而成的一类涂料。色漆除具有保护膜的功能外，还具有既美观又可遮盖物体表面的缺陷，同时能消除紫外线对物体及漆膜的破坏等优点，成为居室装修中人们喜欢使用的涂料。根据调制原料的不同，色漆可分为厚漆、调和漆、磁漆等三类：厚漆是用清油和颜料调配而成的色漆；调和漆是用油基清漆和颜料调配而成的色漆；磁漆是用树脂清漆和颜料调配而成的色漆。目前使用的色漆多为调和漆和磁漆。调和漆涂刷容易，其漆膜坚韧、抗水性和耐久性较好，经得起风吹雨打，所以适用于涂刷门窗，但干得慢，硬度和光泽度较差。磁漆的特点是涂膜光亮美观、丰满度好，但不耐摩擦，耐光性与耐久性均较差。磁漆可以分为有光、半光和无光等品种，其中有光的品种数量最多。

（5）乳胶漆。目前，涂料技术发展的趋势可归纳为两个方面：一是研制无污染的绿色涂料，以保护生态环境；二是继续提高漆膜的性能。在环境友好涂料中，乳胶漆具有得天独厚的优势。乳胶漆是水性涂料中的一大类，有机挥发物（VOC）含量很低，符合目前的环境保护标准，属于绿色涂料。乳胶漆的主要成分有聚合物乳液（成膜物质）和颜料，此外还使用较多的助剂，如分散剂、润湿剂、增稠剂、成膜助剂、防冻剂、消泡剂、防霉剂等。乳胶漆最初仅用于内外墙或混凝土表面，随着配方设计和生产工艺的不断改进，目前许多品种已用作木门窗、木家具涂料，还可用于涂刷金属表面，其最大的优点是对环境的污染小。

2. 墙体涂料

室内外墙面的装饰是装修的重要部分。涂料除了具有保护建筑物的作用外，还可使墙面美观、耐擦洗、防火、防霉等。墙体涂料根据用途又分为内墙涂料和外墙涂料。这里主要介绍内墙涂料。传统的墙面粉刷材料是石灰浆，它的主要成分为氢氧化钙，涂刷在墙面上的氢氧化钙可以和空气中的二氧化碳反应，变成白色的碳酸钙硬膜。为了使碳酸钙能牢固地黏附在墙面上，常常在石灰浆中加入一定量的胶。石灰浆价格低廉，但硬度较低，耐水性较差，现在越来越多地被有机涂料所取代。但是从环境保护的角度看，石灰浆比有机涂料对室内空气的污染小得多。106 号涂料是目前使用较多的一种有机涂料，其主要成分是聚乙烯醇和水玻璃。聚乙烯醇是一种水溶性的高分子树脂，干燥后形成较耐水的薄膜。

4.4.2　绿色涂料

合成涂料一般都含有大量有机溶剂和有一定毒性的颜料、填料及分子助剂，在生产和使用中产生"三废"，造成环境污染，影响人类健康。因此，为减少污染、提高涂料性能，绿色涂料的开发和应用研究就成为当前涂料工业的重要课题。涂料对大气的污染主要是指涂料在生产和使用过程中产生的 VOC 造成的污染，这些物质是大气的主要污染源。VOC 挥发到大气中所造成的污染称为一次污染；VOC 排入大气后，还可以与空气中的 NO_2 作用，产生光化学烟雾，形成大气的二次污染，对人体造成更大程度的损害。因此，控制 VOC 的排放越来越受到世界各国的重视。近 10 多年来，低 VOC 的涂料品种得到了发展，所占比例日益增加。这些绿色涂料包括水性涂料、高固体分涂料、粉末涂料和液体无溶剂涂料等[2]。

1. 水性涂料

水性涂料即水稀释性涂料，是指以后乳化乳液为成膜物配制的涂料。首先使溶剂型树脂溶在有机溶剂中，然后在乳化剂的帮助下靠强烈的机械搅拌使树脂分散在水中形成乳液，该乳液称为后乳化乳液，由此制成的涂料在施工中可用水来稀释。水性涂料包括水溶型、水分散型、乳胶型等。近 20 年来，水性涂料在一般工业涂装领域的应用日益广泛，已经替代了不少常用的溶剂型涂料，水性涂料可用作金属防腐涂料、装饰性涂料、木器涂料。

实例： 新型海洋涂料——"海洋 9 号"，是一种绿色涂料，能非常快地降解，在海水中半衰期为 1 天，在地下仅为 1 个小时。"海洋 9 号"的生物积累基本为零，万一涂料不小心进入海洋环境，影响比较小。

2. 高固体分涂料

随着环境保护法的进一步强化和涂料制造技术的提高，高固体分涂料（HSC）应运而生。一般固体成分在 65%~85% 的涂料均可称为 HSC。HSC 发展到极点就是无溶剂涂料，又称活性溶剂涂料，如近几年迅速崛起的聚脲弹性体涂料就是此类涂料的代表。与传统的固体分涂料（固体成分占比为 45%~55%，以质量比计）相比，高固体分涂料的固体成分占比不小于 65%，这种涂料涂膜丰富，可减少 VOC，并且利用现有设备即可生产和施工，储存和运输也很方便。工业上用的高固体分涂料品种主要有环氧树脂、不饱和聚酯、双组分聚氨酯、氨基醇酸系列等，主要应用于钢制家具、家用电器、汽车零件等。

3. 粉末涂料

粉末涂料是一种不含溶剂的固体粉末状涂料。与其他传统涂料相比，它有以下优点：①不含有机溶剂，100%为成膜物，能耗较水性涂料和高固体分涂料都低；②可回收利用，提高了涂料的利用率；③可一次涂较厚的膜（底面合一或厚涂），减少了工序，具有更优异的防腐、耐候、抗冲击性能。粉末涂料以年均增长率高于10%的速度飞速发展，它可分为热塑性粉末涂料（PE）、热固性粉末涂料、建筑粉末涂料三种。目前工业上广泛使用的热固性粉末涂料主要有环氧树脂、环氧树脂/聚酯、聚酯/聚氨酯、丙烯酸、聚酯/异氰尿酸三缩水甘油酯等，适用于管道铸件、装饰、金属构件、家用电器、汽车面漆等方面。

4. 液体无溶剂涂料

不含有机溶剂的液体无溶剂涂料有双液型、能量束固化型等。双液型涂料以涂装前低黏度树脂和硬化剂混合，涂装后固化的类型为代表，其中低黏度树脂可为含羟基的聚酯树脂、丙烯酸酯树脂等，固化剂通常为异氰酸酯。能量束固化型涂料的树脂中含有双键等反应性基团，在紫外线等的辐射下，可在短时间内固化成膜，常用的树脂包括聚酯/丙烯酸酯体系、环氧树脂/丙烯酸酯体系、聚氨酯/丙烯酸酯体系等。液体无溶剂涂料的最新研究动向是开发单液型，且可用普通刷漆、喷漆工艺施工的液体无溶剂涂料。

4.5　染发剂

染发剂是一种头发美容化妆品，现代人对于染发的需求可以概括为两个方面：一方面，人们由于遗传、疾病、压力、年老等原因头发变白，为了塑造良好的形象，会选择将白发染成黑色；另一方面，染发可以彰显个性。近年来，彩色染发剂逐渐占据了染发市场。市面上已有的染发剂大多是氧化性染发剂，此类染发剂经过大量的试验证实具有较强的致敏性和致癌性。当下人们的健康和环保意识越来越强，安全无毒、绿色健康的植物染发剂符合人们的需求[4]。（图4-6）

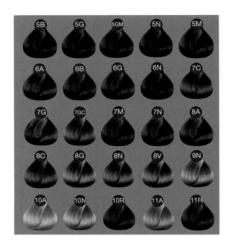

图4-6　彩染色

　　市场上染发有几种基本类型。有暂时性染色，所用染发剂包括染发乳膏、染发水、染发摩丝和染色喷发胶等剂型。染料涂在头发的表面上，故经不起洗，2~3次即可洗掉。有半永久性染色，染料渗入头发表皮，部分进入头发主干，但不像永久性染料渗透得那么深。半永久性染料一般用水洗不掉，用洗发香波洗5~10次可以使其褪色甚至将其洗掉。改进型的染料一般用于男性，含乙酸铅，机理是染发液擦洗在头发上，渗进头发表皮，铅离子同蛋白质中的硫原子反应形成深色的硫化铅。这种染料用的次数越多头发就越黑，不过头就成"铅头"啦！永久性染料可以较深地渗入头发主干，洗不掉。任何永久性染料要进入头发主干，头发的表皮或外层必须先打开，使化学品进入。在显微镜下你会看到人类头发的主干像一堆相互重叠的蛇鳞，色素是蛋白质微粒，存在于比头发的鳞状表皮层更深的皮质层中。头发中有两种黑色素蛋白质：真黑素（eumelanin），表现出的头发颜色是黑到棕色；棕黑素，表现为红到黄色。缺乏色素时头发就呈白色或灰色。色素的类型和微粒的大小决定了头发的颜色，色素微粒的多少决定了头发颜色的深浅。

　　长期使用染发剂对健康有害，尤其是染发剂必用的对苯二胺是公认的致癌物质。染发剂接触皮肤会导致皮肤过敏，在染发过程中有机物会进入毛细血管，然后到达骨髓，作用于造血干细胞，使造血干细胞发生恶变，导致白血病。一般每年染发不宜超过两次，心血管病患者、备孕夫妻、孕妇和哺乳期的妇女不适合染发。由于人工合成染发剂中含致癌物质，人们将注意力转向天然染发剂，不能说它绝对无毒，但毒性肯定会小一些。

如今天然染发剂发展非常快，相继有了以苏木精、辣椒素、虫胶酸、胭脂红酸等为原料的植物染发剂。天然染发剂对人体的伤害小，但色调不够理想，色牢度也不佳，所以目前仍处于研发阶段。按染色原理可以将天然染发剂分为以下两类。

（1）色素吸附型染发剂。天然色素成分与阳离子表面活性剂络合成细小的颗粒沉积吸附在头发表面，达到染色的目的。

色素来源如散沫花，其主要成分是 2-羟基-1，4-萘醌，它和散沫花中的靛蓝结合形成黑色染料。还有从甘菊中提取的甘菊兰，从高粱中提取的黄酮类高粱红色素，以及从桑葚（图 4-7）、红辣椒、红花等有色植物中提取的色素。

图 4-7 桑葚

（2）从植物中提取的活性成分与金属盐络合形成的染发剂。它可以进入头发表皮或皮质，达到染色的目的。这类染发剂来源于富含多元酚和单宁酸的植物。

参考文献

[1] 杨小红，许信旺，光晓云. 健康化学[M]. 合肥：合肥工业大学出版社，2004.

[2] 马金石，王双青，杨国强. 你身边的化学——化学创造美好生活[M]. 北京：科学

出版社, 2011.

[3]   冯辉霞, 王毅. 生态化学与人类文明[M]. 北京: 化学工业出版社, 2005.

[4]   张淑娟, 张育贵, 辛二旦, 等, 天然植物在染发剂中的应用研究进展[J]. 应用化工, 2020, 49（4）: 986-988, 992.

 第5章 绿色化学与食品

俗语道："民以食为天。"这句俗语将饮食的重要性通俗地表达了出来。食物是维持生命最基本的物质条件，人体的一切生理活动和体力活动都需要消耗能量，而能量的主要来源就是食物。当今，随着人们经济收入的增长和生活水平的提高，温饱已不再是人们的最高追求，人们更关心的是食品的营养和安全，那些危害人体健康的食品显然与日益提高的物质文化水平不相适应。人们企盼安全、优质、富有营养的食品，于是绿色食品应运而生。

5.1 绿色化学与食品添加剂

5.1.1 食品添加剂概述

为了改善食品的品质，满足食品防腐和加工工艺的需要，人们往往会在食品中添加一些化学合成的或者天然的物质，这些物质被称为食品添加剂。食品添加剂可根据其来源分为天然食品添加剂和化学合成食品添加剂。前者从动植物中提取或来自微生物的代谢产物；后者通过化学合成方法制取。目前，全世界使用的食品添加剂有9万多种。按其功能，食品添加剂可分为防腐剂、抗氧化剂、调味剂、着色剂、食用香料和香精等22类。这些添加剂能增强食品的保藏性，防止食品腐败变质，改善食品的感官性状，利于食品加工操作，适应食品的机械化和连续化生产，保持或提高食品的营养价值或满足其他特殊的需要等。由于食品添加剂直接添加到食品中，所以必须有

严格的质量标准，其使用量也应有严格的限制。其在使用范围内应对人体无害，进入人体后最好能参与人体正常的物质代谢，或通过正常解毒过程解毒后排出体外。总之，食品添加剂不能在人体内分解或与食品作用形成对人体有害的物质。（图 5-1）

图 5-1　食品添加剂

5.1.2　常用的食品添加剂

1. 防腐剂

能防止由微生物引起的食品腐败变质、延长食品保存期的食品添加剂称为防腐剂。防腐剂是人类使用历史最悠久、最广泛的一类食品添加剂。人类为了生存，需要保存足够的食物以备不时之需，保存方法的发展使人类从游牧社会过渡到定居的农业社会。人类最早保存食品的方法主要是烟熏和盐腌。人们用二氧化硫做熏蒸消毒剂保存食物，使用亚硝酸盐作为肉类防腐剂，已有数千年的历史。由于食品从生产到消费有相当长的一段时间，为了防止食品变质，添加防腐剂是十分必要的。按照来源和性质，防腐剂可分为有机化学防腐剂和无机化学防腐剂。苯甲酸及其盐、山梨酸及其盐、对羟基苯甲酸酯（又叫尼泊金酯）、丙酸盐属有机化学防腐剂；二氧化硫、亚硫酸及其盐、硝酸盐及亚硝酸盐属无机化学防腐剂。目前全世界应用的食品防腐剂有30多种。

苯甲酸及其钠盐是各国允许使用而且历史比较久的食品防腐剂，安全性比较高，其进入机体后，与体内的甘氨酸（或葡糖醛酸）结合生成马尿酸（或苯甲酰葡糖醛酸），全部通过尿液排出，而不在体内蓄积。但苯甲酸钠可引起肠道不适，再加上有不良味道（含量约 0.1% 时），近年来有逐渐减少使用的趋势。

在无机化学防腐剂中，亚硝酸盐能抑制肉毒梭状芽孢杆菌生长，防止肉毒杆菌中毒，其主要作为护色剂使用，用于肉制罐头，特别是午餐肉罐头。亚硝酸盐能与多种氨基化合物反应，产生致癌物亚硝胺。亚硝酸盐是食品添加剂中急性毒性较强的物质之一，一次极量为 0.3 g，就会使人的机体组织缺氧，导致头晕、呕吐、心悸，严重者会因呼吸衰竭而死。其味似食盐，易被误食而产生中毒现象。亚硫酸盐可抑制微生物活动所需的酶，具有酸型防腐剂的特性，主要作为漂白剂使用。亚硫酸钠在食品加工过程中大部分分解生成二氧化硫而散失。食品中残存的少量二氧化硫进入人体后，被氧化成硫酸通过正常解毒途径排出体外。因此，在食品中使用亚硫酸钠是比较安全的。

2. 抗氧化剂

氧虽为人体所必需，但却能使食品特别是油脂氧化变质。氧化可使食品褪色、变色，降低其感官质量和营养价值，严重时甚至可产生有害物质，引起食物中毒。为了阻止或推迟食品氧化变质，提高食品稳定性和延长食品贮存期，往往要在食品中加入抗氧化剂这类食品添加剂。（图 5-2）

按照来源，抗氧化剂可分为天然抗氧化剂和人工抗氧化剂；按照溶解性，抗氧化剂可分为油溶性和水溶性两类。

抗氧化剂的作用机理比较复杂，一种是抗氧化剂通过还原反应降低食品内部及周围的氧含量，另一种是抗氧化剂释放出氢原子与油脂自动氧化反应产生的过氧化物结合，中断连锁反应，阻止氧化过程继续进行。常用的油溶性人工抗氧化剂有丁基羟基茴香醚（BHA）、二丁基羟基甲苯（BHT）、没食子酸丙酯（PG）；常用的油溶性天然抗氧化剂有生育酚（维生素 E）。常用的水溶性抗氧化剂有 L-抗坏血酸（即维生素 C，VC）、异抗坏血酸及其钠盐、植酸、茶多酚、甘草抗氧化物等。

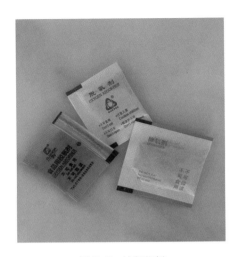

图 5-2　抗氧化剂

3. 调味剂

调味剂在食品中有重要的作用，它不仅可以改善食品的感官性质，使食品更加美味可口，而且能促进消化液分泌和增进食欲，此外，有些调味剂还具有一定的营养价值，是人们生活的必需品。

实例：食醋中含有醋酸、氨基酸以及苹果酸等物质，是一种具有养生保健作用的调味品。煮骨头汤的时候加入适量醋，有助于骨头中的钙质溶解到汤中，有利于缺钙的老年人、小孩以及孕妇补钙。

4. 着色剂

在食品加工过程中，添加适量的化学物质，使其与食品中的某些成分发生反应，使制品呈现良好的色泽，这类物质称为着色剂，又称发色剂或呈色剂。能促使着色的物质称为着色助剂。在肉类腌制中最常用的着色剂是硝酸盐和亚硝酸盐，着色助剂为 L-抗坏血酸（VC）、L-抗坏血酸钠、烟酰胺（VPP）等。为了使肉制品呈鲜艳的红色，在加工过程中多添加硝酸盐与亚硝酸盐的混合物。

5.1.3　食品添加剂的污染

现在食品也像人一样需要一些"化妆品"——食品添加剂，这些"化妆品"如果使用不当或过量，则会给人类的健康带来严重的威胁。

一些面粉的成品加工者为迎合消费者追求白度的心理，超剂量地加入一种含有过氧化苯甲酰的增白剂，以改善劣质面粉的颜色，以次充好，非法得利。增白剂中的有效成分过氧化苯甲酰分解后生成的苯甲酸残留在面粉中，可以杀死面粉中的某些微生物，具有杀菌防虫的作用，有利于面粉的保管和储藏。但是苯甲酸也会随制成的食品进入人体。在人体内，大部分苯甲酸于 15 h 内通过尿液排出体外，不在机体内积蓄。但由于苯甲酸的解毒作用是在肝脏内进行的，因此对肝功能衰弱的人来说，苯甲酸可能造成肝脏的损害。

5.1.4　绿色食品添加剂

由于消费观念的改变和消费层次的提高，人们对食品的品种、质量、储藏、保鲜、营养提出了更高的要求，而这一切的实现都离不开食品添加剂。为了满足人类对生活质量的要求和满足不同人群的需要，未来必将大力推动食品添加剂工业的发展。

含食品添加剂的食品的安全性是人们最为关心的。实际上，食品添加剂在进入市场前需要进行严格的毒理学检验，因而在正常的、规定的范围内使用不会对人体健康造成影响。有关专家认为，食品添加剂特别是化学合成的食品添加剂均有一定的毒性。然而不论其毒性强弱，它只有达到一定浓度或剂量水平才会产生副作用；反之，则是安全无害的。例如，山梨酸对小鼠的半数致死量为 4.2 g · kg^{-1}，也就是说，如果将其用在一个体重为 50 kg 的人身上，则需要摄入 210 g 才可能产生毒性反应。而按照食品卫生规定，山梨酸用于食品中的最高量是 500 mg · kg^{-1}，即一个体重为 50 kg 的人要食用 420 kg 此食品才会产生毒性反应。当然，这种情况根本不可能发生。因而，食用符合食品卫生法规要求的含食品添加剂的食品是绝对安全的。

随着经济的快速发展和物质生活水平的不断提高，开发天然、有营养、多功能的食品添加剂迫在眉睫。近年来天然、有营养、多功能的食品添加剂有茶多酚、叶黄素等天然色素以及大豆异黄酮等。

茶多酚是茶叶的主要成分，又称茶单宁、茶鞣酸、茶鞣质；茶多酚是茶叶中多酚类物质的总称，为白色无定形粉末。绿茶中茶多酚含量较高，占干重的 15%~25%；而红茶在发酵过程中部分茶多酚被氧化，故茶多酚含量较低，约为干重的 6%。不同季节采摘的茶叶及不同品种的茶叶，其茶多酚含量也有差异。儿茶素是茶多酚的主体成分，占茶多酚总量的 60%~80%，在茶叶中的含量为干重的 12%~24%。

茶多酚可以作为食品添加剂加入油脂、油炸食品、烘焙食品、肉制品、糖果、饮料和酱制品中，也可以配成溶液喷洒在蔬菜的表面上。如在新鲜水果、蔬菜表面喷洒低浓度的茶多酚溶液，可抑制细菌繁殖，保持水果、蔬菜原来的色泽，达到保鲜防腐的目的。

茶多酚除了做食品添加剂和直接食用以外，还可以用于保健品、化妆品、医药等。研究表明，人体内过量的自由基是引起衰老、致病、致癌的重要因素之一，而茶多酚能清除人体内过剩的活性自由基，因而它可以提高人体抗衰老、抗辐射、抗肿瘤的能力。

我国是世界上批准使用天然着色剂最多的国家，目前批准使用的天然着色剂有40 多种。这些天然着色剂大多具有防病抗病能力，如姜黄具有抗癌作用，辣椒红具有抗氧化作用，玉米黄具有抗癌、抗氧化作用，葡萄皮红具有降脂作用，紫草红具有抗炎作用等。叶黄素又名植物黄体素、叶黄体，是类胡萝卜素，与 β-胡萝卜素很相似，也是维生素 A 的前身。叶黄素广泛存在于植物中，是玉米、蔬菜、水果、花卉等植物色素的重要组分。叶黄素可广泛用于食品着色，据报道，天然叶黄素还是一种性能优异的抗氧化剂，而且其抗氧化作用优于维生素 E、维生素 C 和天然胡萝卜素。将一定量的叶黄素加入食品中，可预防人体器官衰老引起的一系列疾病，可预防和抑制肿瘤和心血管疾病的发生和发展。此外，叶黄素还可以预防老年性眼球视网膜黄斑退化引起的视力下降与失明。

大豆异黄酮是在大豆生长过程中形成的一类次生代谢产物，大豆异黄酮具有抗氧化、抗癌、预防骨质疏松症、预防心血管疾病、改善妇女更年期综合征、抗衰老等诸多生理功能。

5.2　绿色化学与塑料

食品包装是食品商品的组成部分，是食品工业的主要工程之一。它保护食品，使食品在离开工厂到消费者手中的流通过程中避免生物的、化学的、物理的外来因素的损害。食品包装按照不同的分类方式有多种类别，最普遍的是按照包装材料来分，最常用的包装材料是塑料。

5.2.1　塑料包装分类

塑料食品包装即以塑料为主要材料的食品包装。如饮料瓶、一次性塑料快餐盒、食品包装袋等均属于塑料食品包装。对于塑料食品包装，我国相关国家标准比较齐全，如原料树脂标准、塑料成品标准、塑料材质检验方法等。说到塑料包装的卫生安全，最重要的指标即为"蒸发残渣"，蒸发残渣是指向浸泡液中迁移的不挥发物质的总量。蒸发残渣的检测原理是，乙酸蒸发残渣模拟酸性食物，正己烷蒸发残渣模拟油性食物，在一定的温度及时间下，塑料制品溶出的物质的量越大，说明这种塑料包装在该条件下析出的有害物质就越多。如果塑料制品的 4% 乙酸蒸发残渣超出国家标准的要求，可能是企业在生产过程中大量添加了工业级碳酸钙、滑石粉、重金属等有毒有害化学物质；正己烷蒸发残渣超标，可能是企业为了提高聚丙烯塑料的韧性、便于裁切后分离产品，在生产中过量添加了聚乙烯，使用了液体助剂。除了塑料的卫生安全以外，目前比较普遍的现象是，大多数消费者对塑料食品包装存在认识错误、使用错误的情况。需要注意的是，不同材质的塑料性能不尽相同，使用方法也存在差异，因此，认清塑料材质，正确使用塑料包装，才能保证食品包装的健康安全[1]。常用的塑料材质有聚对苯二甲酸乙二醇酯、高密度聚乙烯、聚氯乙烯、低密度聚乙烯和聚丙烯等。

聚对苯二甲酸乙二醇酯，英文缩写为 PET，常用来制作矿泉水瓶、碳酸饮料瓶、果汁瓶等，通常无色透明。由于这种材料只可耐热至 70 ℃，因此只适合装暖饮或冷饮，装高温液体或加热则易变形，很可能会溶出对人体有害的物质。因此，饮料瓶等用完了就应丢掉，不要用来做水杯，或者用来做储物容器盛装其他物品重复使用，以免引发健康问题，得不偿失。PET 材质的塑料瓶不能长期放在汽车内，不要装酒、油、醋等物质，以免有害物质溶出，也不要装 70 ℃以上的液体，过高的温度会导致材料分解释放出有害化学物质。

高密度聚乙烯，英文缩写为 HDPE，适用于食品及药品包装，也可用于制作清洁用品和沐浴产品的包装瓶、购物袋、垃圾桶等。目前超市和商场使用的塑料袋多用此种材料制成，其可耐 110 ℃的高温，标明食品用的塑料袋可用来盛装食品。HDPE 广泛地用于制造各种半透明、不透明的塑料容器，手感较厚。高密度聚乙烯是无毒、无味、无臭的白色颗粒，熔点约为 130 ℃，它具有良好的耐热性和耐寒性，化学稳定性好，还具有较强的刚性和韧性，机械强度和绝缘介电强度高，耐环境应力开裂性亦较好，对人体没有什么危害。盛装清洁用品、沐浴产品的瓶子可在清洁后重复使用，但这些容器通常洗不干净，残留的物质会变成细菌的温床，最好不要循环使用，特别不推荐作为循环盛放食品、药品的容器使用。

聚氯乙烯，英文缩写为 PVC，多用于制作食品保鲜膜等。PVC 是一种硬塑料，要将它拉成透明柔软的保鲜膜，必须加入大量的增塑剂。由于增塑剂不溶于水而溶于油，因此其在与油脂类食品或容器接触时会渗出，但渗出或迁移的量与接触的时间及温度有关。这种材质的塑料制品易产生的有毒有害物质来自两个方面，一是生产过程中没有完全聚合的氯乙烯，二是增塑剂。这两种物质在遇到高温和油脂时容易释出，随食物进入人体后会危害人体健康。

低密度聚乙烯，英文缩写为 LDPE，常用于制作塑料薄膜、保鲜膜、牙膏和洗面乳的软管包装，纸做的牛奶盒、饮料盒等包装盒都用它作为内贴膜。LDPE 不宜作为饮料容器。LDPE 制品由于在较高温度下会软化甚至熔化，应尽量避免在高于100 ℃的情况下使用。保鲜膜在温度超过 110 ℃时会出现热熔现象，因此食物放入微波炉前，先要取下包裹着的保鲜膜。

聚丙烯，英文缩写为 PP，微波炉餐盒、保鲜盒等均采用这种材料制成。其能耐120 ℃的高温，是目前世界公认的比较安全的材质，可以放进微波炉的塑料盒在小心清洁后可重复使用。PP 硬度较高，且表面有光泽。部分微波炉餐盒盒体用 PP 制成，但是盒盖却用聚苯乙烯制成，使用前应仔细检查，若有此类情况应将盒盖取下后加热。

聚苯乙烯，英文缩写为 PS。常见的聚苯乙烯包装制品有透明蛋糕盒、快餐盒盖、一次性发泡塑料餐具等。聚苯乙烯是由苯乙烯单体经自由基加聚反应合成的聚合物，具有优良的绝热、绝缘和透明性，热变形温度为 70 ℃，质脆，低温易开裂。聚苯乙烯易燃烧，不耐有机溶剂，可溶于芳烃、氯代烃、高级脂肪酯等。聚苯乙烯经发泡后，体积变大，密度变小，多用于制作发泡餐具，但其表面容易吸附油脂，不易回收处理，容易造成二次污染。

塑料食品包装是食品包装的重要组成部分，但其与食品直接接触时易释放大量化学品和添加剂，且废弃后会分解成粒径小的微塑料，由此造成的环境污染和生态健康风险受到世界各国的广泛关注。

5.2.2　绿色塑料

绿色塑料包装材料不仅要卫生、环保，还要具备包装功能化和高性能化。这就要求塑料包装材料在如下几个方面进一步改进和提升：创新和研发塑料新材料和新加工技术，使更多性能优良的塑料成为包装材料，利用新塑料材料的高性能，实现包装材料减量化；推动塑料共混技术、塑料助剂新品及应用技术的进步和发展，在保证塑料包装材料无毒、卫生、环保的前提下，利用低成本技术使塑料包装材料性能提升，为减量化提供可能；提高和改进塑料回收利用加工技术，使塑料包装材料回收利用率大幅提升，消除塑料包装材料造成"白色污染"的隐患，提高资源利用率；发展生物塑料，有效地调控生物塑料降解时间和周期，在充分发挥生物塑料包装材料功用的同时，减小和消除塑料包装材料对生态环境的污染和影响；通过自主研发和技术创新，降低塑料包装新材料、新技术的成本，避免因成本过高许多符合绿色要求包装的塑料材料不能大面积应用的问题；发展智能化等先进包装技术手段，利用部分塑料包装材料具有的可食性、水溶性等物性特点，减少包装废弃物的产生量，提高塑料包装的安全、环保性能[2]。

总之，要依托技术进步，提升塑料包装材料的性能和绿色功能，创新包装技术，充分发挥塑料包装材料的优势和特点，最大限度地发挥塑料在包装方面的功能。提高和完善塑料包装材料回收和利用技术，减小包装材料对环境的影响和污染。同时，还应加强对绿色包装的宣传，增强人们使用绿色包装的意识和自觉性，形成一个良好的社会氛围，使绿色包装成为包装的主流。

实例：现在各大超市、餐饮店等基本都用可降解的塑料袋代替了原来用的普通塑料袋。（图 5-3）

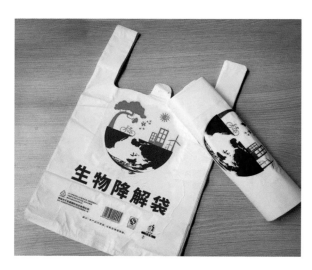

图 5-3 可降解的塑料袋

参考文献

[1] 董金狮，李慧. 我国纸质与塑料食品包装材料生产使用现状与安全性评价[J]. 食品科学技术学报，2013，31（3）：69-71.

[2] 杨涛. 绿色包装 食品包装安全与塑料包装材料[J]. 塑料包装，2013，23（2）：1-4, 12.

第 6 章　绿色化学与农业

农业的所有产品几乎都是有机物，这些有机物的产生过程就是一系列有机化学及生物化学的反应过程。"民以食为天"，在解决人类温饱这一关键问题上，化学提供了农药、化肥、农业器具与农用材料，无疑做出了无可比拟的贡献。但农药、化肥等化学品的大量使用，也给人类的健康和环境带来了负面的影响。

6.1　绿色农产品的发展概况

6.1.1　绿色农产品

随着社会经济的发展，人们的物质生活水平越来越高，在时代进步的同时，人们对健康食品的要求越来越高，对食品安全等级的要求也越来越严格。这其实是农村产业的一个优势，依靠得天独厚的地理条件生产天然有机绿色农品，不仅可以提高农民收入，还是促进产业集群发展的一种途径。我国消费市场正在发生着巨大的变化，大多数人的消费观点已经由原来的吃饱饭转向吃得健康、吃得绿色。(图 6-1)

随着人们健康生活意识的不断增强，对绿色农产品的需求不断增加。绿色农产品是农业发展适应现代生活方式的必然选择。发展绿色农业可有效推动农村繁荣发展和农民增收，促进乡村振兴战略目标的实现。

图 6-1　农产品

　　绿色农产品是指在无污染生态环境中种植、加工及储运，毒害物质含量符合国家健康安全食品标准，并经专门部门认定允许使用绿色产品标志的农产品。绿色农产品分为 A 级和 AA 级。A 级为初级绿色农产品，即允许在生产过程中限时、限量、限品种使用安全性较高的化肥和农药；AA 级为高级绿色农产品，可与有机产品媲美，在生产过程中不使用任何有害化学合成物质，按特定的生产操作规程生产、加工，产品质量及包装经检测具备认证证书和 AA 级认证标志。绿色农产品有两个特征：一是利用生态学的原理，强调产品出自良好的生态环境；二是对产品实行"从土地到餐桌"的全程质量控制。绿色农产品可以理解为优质农产品，其与普通农产品的区别在于在营养、安全、健康方面更优，涵盖蔬菜、果品、粮食、植物油、禽蛋、畜产、水产等[1]。

实例： 天津市蓟州区作为全国首个县域绿色食品示范区，近年来努力组建农产品协会，创建农产品产业化联合体。截至 2020 年底，蓟州区获得绿色食品标志认证的产品共有 32 种，绿色食品基地面积达 1.21 万 hm^2，培育天津市休闲农业示范园区示范村（点）28 个，发展绿色食品生产企业 17 家，获得绿色有机食品标志使用权的有 40 余个品种、129 个单品。调查资料显示，2019 年蓟州区有 6 个区级统筹项目投产达效，新增高效设施农业达到 426.67 hm^2。同时，启动实施全部产业帮扶项目，2020 年全部建成，形成连片组团发展模式，建成一批特色优势绿色农产品基地，不断形成新的经济增长点，带动乡村振兴。

6.1.2　我国绿色农产品存在的问题

（1）低层级绿色农产品所占比重较大，高层级农产品数量相对较少。我国对绿色农产品进行层级划分，将 A 级和 AA 级作为衡量的标准。A 级为绿色农产品第一层级，即初级绿色农产品，是指没有经过加工，在生长过程中可以使用定量的化肥的低等级农产品。AA 级绿色农产品为高级农产品，在生产过程中严格设定生长周期、生长环境、温度、水分等，要求比较高，品质可以得到更好的保障。在我国绿色农产品市场上，低层级的 A 级绿色农产品占比较大，高层级的 AA 级绿色农产品占比较小。AA 级高品质的绿色农产品数量少，市场规模不大，很难在国际市场上占据优势。

（2）缺乏良好的农产品种植环境。人们生活水平的提高给居住的生活环境带来了很大的压力，对生态环境的破坏日益加剧。生态环境的恶化给农产品的大面积种植带来了一定的危害。相关数据显示，现阶段对农产品最具有危害性的是土壤污染问题。农药残留给农产品及生产作业的土壤都带来了巨大的危害。农民在种植过程中，为了迎合市场，保障无虫害及农产品外形的完美性，使用膨大剂及无机磷农药，导致农产品及土壤当中的农药残留超标，并且会长时间污染土地。另外，企业为了降低成本随意排放污水，给农田造成了极大的威胁。缺乏优良的农产品种植环境，农产品的食品安全无法得到保障，绿色农产品的推广也存在一定难度。

（3）市场结构不合理，"种养"供需市场不平衡。相关数据显示，我国农产品种植区域主要集中在东北地区、中原地区及华南区域。绿色农作物种植面积约占全部农作物种植面积的 8.03%，绿色农产品约占全部农产品的 10%。另外，以小农户种植为主的形式很难满足大市场环境的需求，低产值远远不能够满足人们对生态绿色食品的需求。大健康产业俨然成为我国迅猛发展的行业支柱。

（4）流通渠道机制有待完善。现在农产品销售以线下销售为主，缺乏"线上线下"双向的销售模式。批发市场一直以来都是我国农产品的主要销售渠道，在农产品销售中占据相当大的份额，它虽然可以满足大部分消费群体对农产品的需求，但是也存在很多缺陷。例如，批发市场不是以种植户为主体的，交易链条过长，导致农产品的交易程序过多，到达消费者手中的农产品价格过高。

6.1.3　我国绿色农产品的发展对策

（1）加强高品质、高层级绿色农产品生产、销售，提高人们的体验感。通过增加 AA 级绿色农产品数量，扩大市场规模，让高品质、高层级绿色农产品首先在数量上达到一定的规模，进而打开国际市场，提高我国绿色农产品在国际贸易中的地位。构建绿色农产品的层级指标，并且制定出生态农产品层级体系。

（2）做好绿色农产品种植环境的可持续转型升级，使绿色农产品朝可持续发展方向转型。侧重发展绿色农产品标准化种植，建立标准化的种植基地，保障绿色农产品在种植过程中规范农药的使用比例，尽量少使用无机、有机农药，避免农产品药物残留。对土地进行可持续生态修复，避免土壤中农药渗透及残留量超标。重点是在农产品生产区开展农作物秸秆重复综合利用，利用家禽粪水回田技术及深耕技术开辟出生态、环保、绿色、安全的农产品种植环境，使绿色农产品的种植环境朝着生态、环保、绿色的方向发展[2]。

（3）调整农产品市场结构，平衡供需市场的"种养"关系。随着社会经济的发展，生态环保意识的增强，绿色农产品的需求量增大，消费市场也在进一步扩大，目前还存在很大的缺口，并且存在很多潜在的市场需求。

6.2 绿色化学与农药

6.2.1 农药

农药主要指用于防治危害农、林、牧、渔业生产的有害生物和调节植物生长的化学药品。一个不争的事实是化学农药（特别是有机合成化学农药）的应用成为人类文明发展的一大标志，它极大地保护和发展了人类社会生产力。现在农药已广泛应用于农业生产的全过程，是农业生产不可缺少的重要生产资料，同时也成为用于环境和家庭卫生除害防疫的主要药剂。联合国粮食及农业组织的统计资料表明，世界各国粮食平均产量的高低与农药使用的多少及好坏有关，农药年平均用量多的国家，粮食的单位面积产量明显要高。农药担负着现代农业保护神的重要角色。

农药的种类很多，如有机氯农药、有机磷农药、氨基甲酸酯类农药、拟除虫菊酯类农药、金属有机农药等。

1) 有机氯农药

20 世纪 30 年代末，人们合成了一些防治病虫害效果较好的有机氯农药，如 DDT（双对氯苯基三氯乙烷）、六六六、敌稗、狄氏剂等，它们是一类氯代芳香烃的衍生物。此类化合物结构稳定，难氧化，难分解，毒性大，易溶于有机溶剂（尤其是脂肪组织），因此是高效、高毒、高残留农药，极易在环境中积累。在土壤中 DDT 可保存 10 年，六六六可保存 5~6 年，狄氏剂可保存 8 年，DDT 可被大气和水带至地球的每个角落。进入环境中的 DDT 由于迁移作用，通过食物链浓缩在生物及人体内积累，它可在人体内保留 10 年之久。DDT 在环境及生物中的浓缩过程如下：河水→海水→浮游植物→浮游动物→小型鱼类→大型鱼类→人类。环境中积累的有机氯农药通过食物链进入人体，在人的脂肪和肝脏中积累，危害人的神经中枢，诱发肝脏酶的改变，它还能侵犯人的肾脏引起病变，且难以降解。尤其是 DDT 还具有明显的致癌性和遗传毒性，会导致畸胎，影响人的寿命和后代的健康。

2）有机磷农药

有机磷农药是继有机氯农药问世之后于 20 世纪 40 年代出现的，至今还在防治病害中发挥着重要的作用。它包括磷酸酯类化合物及硫代磷酸酯类、二硫代磷酸酯类化合物，如敌敌畏、1605、马拉硫磷、乐果、稻瘟净等。该类化合物一般在空气中、有机溶剂中和阳光下性能稳定，但中心磷原子非常亲电子，是显示生物作用的关键。它能吸附昆虫体内的胆碱酯酶，妨碍其正常功能，引起昆虫的过激活动，如发抖、痉挛和麻痹，直至死亡。它对病虫害的杀伤力是有机氯农药的一二百倍，因此它是高效的，同时它又是低残留的。它在环境中和大多数生物体中会水解、氧化而分解为基本无害的磷酸及其衍生物，为植物所吸收和利用，不在环境中积累，也不通过食物链在人体内积累。但有机磷农药对人畜是高毒的，它能抑制人体中的乙酰胆碱酯酶、胆碱酯酶、脂族脂酶及丝氨酸蛋白酶，扰乱人体正常的神经功能，引起体内生物化学过程失调，出现呕吐、腹泻、大便失禁、血压升高等症状，最终导致死亡。因此，在使用有机磷农药时必须采取戴橡胶手套、防毒眼镜、口罩和穿防护衣等方法，避免吸入有机磷农药或使之与皮肤接触，但其造成的中毒死亡事件仍时有发生[3]。

3）氨基甲酸酯类农药

氨基甲酸酯类农药是在 20 世纪 60 年代诞生的，如西维因、巴沙、速灭威等，其属于碳酸衍生物。该类化合物易分解，易代谢，一般无毒或低毒，在环境中不积累，也不通过食物链在人体内积累，在动植物体内能很快代谢而排出体外。该类化合物分解的产物一般为二氧化碳、胺类、酚类和醇类，这些分解产物一般无毒或低毒，与氨基甲酸酯类农药的毒性相当，很少产生毒性更大的化合物。目前所积累的资料表明，氨基甲酸酯是一类相当安全的农药，它能很快代谢，并从哺乳动物体内排出。总之，它避免了有机氯农药给环境带来的严重污染，也克服了有机磷农药对人畜的剧毒作用，成为农药生产的主产品。但该类农药毕竟还是低毒、低残留的，一旦进入人体，可干扰人的神经系统，使人出现头痛、腹泻、呕吐、血压升高、视觉模糊等症状，影响人体健康，仍需慎用。

4）金属有机农药

金属有机农药有有机锌、铜、锡、汞等有机化合物，如代森锌、赛力散、西力生等。它们广泛用于农作物的杀虫灭菌，但会对环境及人类造成伤害，尤其是有机汞化合物极易在环境中积累，并随水和各种食品通过食物链进入人体。它能与人体内酶上的巯基（—SH）发生作用，使酶失去生理活性，而且会在人体内积累，引起慢性中毒，直至死亡，现已被禁止使用。

　　另外，拟除虫菊酯类农药也是我国目前使用的高效低毒农药之一。它是蚊香的主要成分，也是防治蔬菜、谷物、茶树、烟草虫害的良好药剂，对人畜毒性极小，使用安全。

　　农民们都清楚地认识到了农药对促进农业丰收的意义，但对农药产生的污染缺乏足够的认识。农作物通过根系吸收土壤及水体中残留的农药，再经过植物体内的迁移转化等过程，逐步将农药分配到整个农作物体中或通过表皮吸附（如黏着在叶面上的农药进入农作物内部）造成对农作物的污染。当用受污染的粮食、蔬菜等做饲料，或用受污染的水体养殖水产品时，则会使农药转移到肉类、乳类、蛋类、鱼类等食品中。人们通过呼吸、饮食等方式将农药带入人体，使人的健康和生命受到威胁。

6.2.2　农药对生态环境的影响

　　农药属于生物活性物质，会污染甚至破坏生态环境。使用农药后残存于生物体、农副产品和环境中的微量农药原体、有毒代谢物、降解物和杂质总称为农药残留。农药残留是施药后的必然现象，但如果超过最大残留限量，会对人畜产生不良影响或通过食物链对生态系统中的生物造成毒害，在这种情况下农药残留又被称为农药残毒。农药对环境的影响可分为以下几个方面。

　　1）对害虫及其天敌的影响

　　在自然环境中，害虫与其天敌（包括昆虫、蛙类、蛇类等）之间保持着一种生态平衡关系。使用农药对害虫及其天敌都有不同程度的杀伤力，残存的害虫仍可依赖作物做食料，重新迅速繁衍起来；而以捕食害虫为生的天敌在害虫恢复大量繁殖以前，因食料短缺，生长受到抑制，因此在施药后的一段时期，可能发生害虫的再猖獗。

　　2）对土壤生物的影响

　　农药的使用对土壤生物有一定的影响。土壤微生物数量是表征土壤肥力的重要指标，使用农药后地表几厘米土层内农药浓度一般为几毫克每千克，此浓度通常对土壤微生物的总活性影响不大或只有短暂的影响，但施用熏蒸剂和某些药剂时，对一些与土壤肥力有密切关系的敏感性菌种（如硝化菌、固氮菌、根瘤菌等）可能产生不利影响。多数农药在正常用量下对蚯蚓无影响，但一些有机氯和氨基甲酸酯类农药对蚯蚓毒性很大，而且在蚯蚓体内有蓄积作用。在整个食物链中，蚯蚓是鸟类的食物来源之一，在土壤生物与陆生生物之间起着传递农药的桥梁作用[4]。

6.2.3 绿色农药

当人们意识到人类必须与大自然和谐共处以及农药对社会持续发展和人类健康的重要性时，绿色农药便应运而生。绿色农药又叫环境无公害农药或环境友好农药，是在生态化学和绿色化学的理论基础上发展而来的。从科学观看，生态化学促使农药科学的基础内容更新；从环境观看，绿色农药从源头上消除污染；从经济观看，绿色农药合理利用资源和能源，符合社会经济可持续发展的要求。可以说绿色农药是农业健康发展的一项重要保证，同时，随着生物技术、组合技术、高通量筛选、计算机辅助设计、原子经济化学和生物信息学等现代高新技术的不断发展进步，绿色农药将在人类生产活动中发挥重要作用，为社会发展和人类健康做出巨大贡献。

1）超高效低毒化学农药

所谓超高效低毒化学农药，是指新开发的对靶标的生物活性高，且对人畜基本上无毒，对害虫天敌和益虫无害，易在自然界中降解，无残留或低残留的化学农药。

2）生物型农药

生物型农药是指来源于生物，对特定的病虫草害具有控制特效，而对公众安全性极高的天然农药。生物型农药在自然生态环境中广泛存在，资源丰富，绝大多数无毒副作用，不破坏生态环境，残留少，选择性强，不杀伤害虫天敌[5]。

参考文献

[1] 卢加欣，王晨萱. 设施农业背景下绿色农产品带动乡村振兴发展路径和模式的研究——以天津市蓟州区为例[J]. 山西农经，2022（17）：97-100.

[2] 陈小龙，张小会. 生态时代背景下我国绿色农产品转型升级研究[J]. 河南农业，2022（7）：55-57.

[3] 杨小红，许信旺，光晓云. 健康化学[M]. 合肥：合肥工业大学出版社，2004.

[4] 冯辉霞，王毅. 生态化学与人类文明[M]. 北京：化学工业出版社，2005.

[5] 李清寒，赵志刚. 绿色化学[M]. 北京：化学工业出版社，2016.